水草

Keeping planted aquarium
and aquascaping

栽培与造景

白明 编著

化学工业出版社
·北京·

你拥有水族箱吗？你喜欢种植水草吗？你还在为水草总是养不好而烦恼吗？

本书将从水草栽培方法、水质管理和水草品种介绍等多方面，为你展现一个神奇的水草王国，并通过介绍人类对观赏水草利用的历史，帮助读者了解更多关于水草品种选择和水草造景方面的知识。

图书在版编目（CIP）数据

水草栽培与造景 / 白明编著 .—北京：化学工业出版社，2014.6（2022.3 重印）
ISBN 978-7-122-20506-3

Ⅰ.①水… Ⅱ.①白… Ⅲ.①水生维管束植物 – 观赏园艺 Ⅳ.① S682.32

中国版本图书馆 CIP 数据核字（2014）第 082645 号

责任编辑：刘亚军　　　　　　　　　　　　　　　装帧设计：白　明
责任校对：王素芹

出版发行：化学工业出版社（北京市东城区青年湖南街13号 邮政编码100011）
印　　装：北京瑞禾彩色印刷有限公司
889mm×1194mm　1/12　印张19½　字数506千字　2022年3月北京第1版第6次印刷

购书咨询：010-64518888　　　　　　　　售后服务：010-64518899
网　　址：http://www.cip.com.cn
凡购买本书，如有缺损质量问题，本社销售中心负责调换。

定　　价：120.00元

前　言

——和外祖母学生活

　　我小的时候曾在农村生活过一年，那是很值得怀念的童年时代。随着北京飞速建设的脚步，以前居住的农村早已被高楼大厦所代替，我知道我不可能再回去了，那些菜园子、玉米地、池塘、猪圈都只能是一种记忆。在农村生活的时候，我常和外祖母在一起，看她种地、喂猪、收拾院子以及种花。外祖母不是土生土长的农民，更确切地说，我们都是在北京城世居了300年以上的少数民族，我是蒙古族，外祖母是满族，就是现在所谓的老北京"旗人"。说到这里要强调一下，很多认识我的人都认为我喜欢金石鱼鸟是受到没落八旗家族的影响，提笼架鸟、飞鸽子放鹰。其实一点儿也没有，在我的家人中，除了我以外没有人喜欢养鱼。据说，我的祖辈上也没有喜欢养鱼、养鸟的，就连邻居中都没有喜欢养鱼的。实际上，我小时候多次因为养鱼而挨打，但是打了仍然不改。显然，我喜欢水族绝不是受到祖辈的影响，如果说非要有什么人影响了我的话，我觉得达尔文和法布尔可能对我有一些影响，因为我年幼的时候看过他们的书，并对书中描述自然物种的神奇产生了浓厚的兴趣。

　　接着说我的外祖母，她和我的不同是：她有极度凄惨的童年、青年以至大半生。民国的时候，她的父亲抽大烟，变卖了家产还不够，于是要卖妻子、女儿。幸有好心人帮忙，外祖母逃到了她舅舅家居住，躲过了一劫。但悲惨的童年就此开始，在万恶的旧社会并没有人疼一个没爹没妈的孩儿。外祖母从八九岁就开始靠给东直门内的小吃店挑豆汁赚营生，而且不给饭吃。外祖母说她那时候只有一个心思，就是看见什么都是"饿"，连路边的大树都想啃两口。饿极了就偷喝豆汁，然后向豆汁桶里掺点儿水再送去。连续靠喝豆汁活了好几年（当然隔三差五的也有个窝头吃），后来被嫁到了农村（如此看来，豆汁真是个好东西，它成就了外祖母的健康和长寿）。

　　各地的农村都比较轻视女性，尤其是在旧社会。假如娘家还有个三亲四眷，婆家人也不敢往深了欺负你，比如欺负急了，娘家哥哥就可以来替你撑腰（北京话叫"拔创"）。假如你娘家没有人了，那就惨了，基本上吃的是猪狗食、干的是牛马活，稍有不慎，非打即骂。北京郊区的婆婆们都是大字不识的，整治儿媳妇的高招却无师自通。又赶上那些年"闹日本"，可算是：在家待着随时可能挨打，出去干活随时可能没命。就是在这样恶劣的生存环境下，外祖母还保持着生活的情调——不论农活多累，都要养几盆花。这一爱好一直伴随她到今天，她已经快90岁了。这期间经历了无数变迁，从种地到不再种地，从挨饿到不再挨饿，始终不变的是家中一定要种几盆花，即使农田里的活再繁重，也要种花。因为她认为家里有盆花，才像个过日子的样儿。

大多数农民是不喜欢种花的，因为他们天天和土、庄稼打交道，不烦这些东西已经是不易了。即使是花农，也未必喜欢花，而是把种花看成营生。我在农村住的那一年，外祖母的生活已经不再艰难，她专门在自己的一亩三分地上开出一畦来种花，夏季里一畦花开得无比鲜艳，我忘记了是什么品种，可能是月季也可能是大丽花。在忙完一天的农活后，我和她坐在田埂上看夕阳照在那些花灿烂的"脸"上。那是属于外祖母的花，是属于她的生活，是真正的生活，也许那还是我们活着的真正意义。

我之所以要在这本书的前言里先写这个事情，是因为栽培水草这个活动就像我外祖母养花，并不是一种深奥的技术，也不是为了生计而为。它是一种生活的态度，一种懂得生活并认真生活的姿态。

我们需要生活，而不是仅仅生存下去。应当说，只要给我生存的权利，我就一定要想方设法地好好生活。生存和生活是完全不同的概念，生存是物质上的，生活是精神上的。种花、养草、读书都是生活的一部分，是人类精神升华的动力。在2013年出版的《家养淡水观赏鱼》一书中，我提到了一些佛学的内容。我很喜欢佛学，但我不加入佛教。佛学是一种能让人放松的哲学，发明它的那个人——悉达多·乔达摩最经典的语录就是："心中有佛，你即是佛"。怎样才能心中有佛呢？悉达多又告诉我们，要证悟。什么是证悟呢？这解释起来就复杂了，要参透凡事的本质，即所谓大彻大悟；充分了解四法印并主动地修持，等等。既然是哲学，总得有点儿深奥的东西，让人们慢慢去想。

在我看来，懂得生活就是证悟的一部分，因为我们彻悟了生活的原理，才会懂得生活。懂得生活能消除我们很多的痛苦，难道佛学本身不是为了消除人的痛苦吗？恰好，种花消除了我外祖母半生来自生活的苦痛，养水草正在为我的生活提供着快乐。这些年来，一直有朋友向我咨询某种观赏鱼如何养？某种水草如何种？等等。当我告诉他们几天后，其中一些人就会跑来说"我还是养不好"，然后说"你是专家，我不成"。其实瞎扯，哪里有专家，在家里养几条鱼、种几株草，没有什么高精尖的技术，又不是制造飞机、火箭。归根结底是你不懂得其中的乐趣，不愿意主动去想那些遇到的小问题，这也许就是不会生活的一种表现。当然，我不是说不养水草的人就一定不会生活，但不会生活的人一定养不好水草。

让我们拥有快乐生活的方式有很多，大家可以任意选择。当你翻开这本书的时候，注定养水草这个爱好是能帮你更好地感受生活，享受其中的幸福和惬意。因为，你爱好栽培水草。爱好是一切快乐的源泉，是不断探索的动力。当你忙完了一天的工作后，坐在水族箱前，看那一片生机盎然的景象，修剪、侍弄着那些水草。你心里会是怎样的感受呢？我知道，许多年前，我坐在田埂上看夕阳下的花朵时就感受过了，那感觉真好。那时候，你一定忘记了所有的烦恼。

最后，我告诉朋友们。我的外祖母70岁时学会了游泳，75岁的时候开始拿着字典认字，80岁的时候能看小说和报纸了，并能用手机发彩信给我。那几年，她还坐着飞机到处去旅游，去过的地方比我都多。85岁后，她开始喜欢看我写的书，她说要加入我的研究计划。这两年正在与我合作研究蝴蝶兰和菊花的杂交育种。神奇的老太太，我们娘儿俩最有共同语言。因为她从来不谈论家长里短的事儿，我们在一起要么聊戏曲里的典故，要么讨论植物种植方面的一些技术。比如，这本书里的一些内容我也和她探讨过。

谨以此书的出版

祝愿我的外祖母更加健康长寿

CONTENTS

目 录

CONTENTS

第一章 认识水草

我们可以把水生植物分成如下七类，即：藻类、挺水植物、沉水植物、浮叶植物、漂浮植物、水缘植物和喜湿植物。当然，最后一类，除池塘边外，潮湿的森林深处也有它们的踪迹。

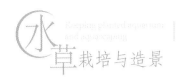
一、野外的水生植物

　　植物几乎能出现在我们生活的方方面面，比如：我们吃的蔬菜、马路旁边的大树、公园里的草坪、窗台上的盆栽、用来泡水的茶叶，可以治病的草药，等等。不过，这本书将要记述的植物，是离我们生活稍微远一些的品种。虽然，我们已经将它们种植到了自己的水族箱中，但要追根寻源，我们必须去离城市远一些的池塘边，探访它们的踪迹。

　　最早的植物诞生于水中，然后不断地演化发展，从单细胞的藻类到利用孢子繁殖的苔藓、地衣和蕨类，再到松树、杉树那样的裸子植物，最终出现的是我们身边最常见的被子植物。奇怪的是，虽然水中是植物的老家，但现今仍然保持在水中生活的高等植物并不多，至少没有在陆地上的那样多。

　　在一个池塘里，我们能发现多少种植物呢？首先，临近岸边的地方，一般会有芦苇或菖蒲成片地生长，这些植物就像水中的竹林，为水鸟和小型水生动物提供了生存繁衍的家园。芦苇成片的地方，我们现在称为"生态良好的湿地"，一般受到国家的保护，为野生动物所占有。仔细地看，在芦苇下方不远的水中，就有水草在那里生长。由于水对光的折射影响了我们的视线，影影绰绰地只能看到些暗绿色的影子。如果用树枝将它们捞起一些，则能清楚地看到这些植物纤长的外表。这些植物一般像柳条一样，在纤细的茎上生长出成排的叶子，这也许是眼子菜，北方通常称为芢草，是河湖中最常见的水草。如果是在南方，还可能捞上来一些很大的叶片，这些叶片就像海带一样，那应当是水薤家族的成员，常被叫做海带草或海带花。在被捞起的水草叶茎上，经常缠绕着许多绿色或暗绿色乃至褐色的"丝线"，这些就是水绵——一种藻类，夏季水中营养丰富时候，它们是最强势的植物，踪迹遍布水中所有能照到阳光的地方，它们缠绕在水草上和芦苇的根部，数量过多时，可能将水草囚困而死。

　　在每根芦苇茎生长的空隙和芦苇丛的边缘，漂浮了许多浮萍，有大的也有小的。浮萍有许多品种，大的像一片小荷叶，小的比小米粒还小。虽然鱼和一些水鸟都吃浮萍，但它们仍然可以生长得无比茂盛。有些池塘的芦苇丛边缘还会有一些怪异的植物，比如：野慈姑、荸荠等，它们一丛一丛地生长在临近岸边的地方，如果把它们拔起来，就能看到肥大的根部块茎。野慈姑有三角形的叶片，有人叫它们三棱草。京剧里的武生顶门佩戴的金色慈姑叶，就是从这种草的叶片想象而来的。当然，也许还有一些奇奇古怪的水边植物，这里不一一介绍了。

野外的池塘生满了各种水生植物

如果没有人刻意种植，城市周边的池塘很少能自然生长野生的睡莲或荷花，取代它们的是大量的莼菜。莼菜看上去很像睡莲，但叶片要小得多，而且多数不是规则的圆形。夏季的时候也开花，但花很小，远不如莲花美丽。如果这片池塘中没有莼菜，那么它就有可能被外来植物入侵了，入侵者就是凤眼莲（水葫芦）。这种原产于南美洲的植物，曾经被我们引进到自己的河湖中，由于其超强的适应能力，几乎取代了本地许多同类型植物的地位。它们是很好的动物青饲料，打碎后可以喂猪、牛等牲畜。不过，这些植物现在确实有些过多了。

野菱角和野睡莲一样弥足珍贵，你看到几十片从中心连接在一起漂浮于水面的心形叶子，那就是它了。这种植物是中国的特产，块茎很像年画中的蝙蝠图案，有"增福"的寓意。人们很喜欢它，它的叶片似乎也带有了中国文化底蕴，总是齐心相连的。不过，就人类的视角看，在一个池塘中，植物的主角永远是莲花，包括了荷花和睡莲。荷花有坚挺的叶柄，将巨大的荷叶顶起，离开水面挺立在空中。睡莲没有那么坚挺的叶柄，它们的叶子只能漂浮在水面上。莲花是非常美丽的，象征着纯洁，"中通外直，不蔓不枝，可远观而不可亵玩焉"。莲花还与佛教有缘，佛陀与众弟子、菩萨都坐在莲台上修行。睡莲的根部块茎是有毒的，不能食用。荷花有肥大的块茎——藕，藕是一种淀粉含量很高的爽脆食品，千百年来，中国人一直大量种植它，并发明了许多烹藕方法。

好了，这个池塘中的植物似乎我们都看遍了，还落下谁了？慢些，我们忽略了池塘中数量最多、最普通的居民——单细胞藻类。它在哪里？你看那满池塘呈现绿色的水就是。我们无法用肉眼看到单细胞藻类的外形，我们看到的就是它们在水中大肆繁衍后将水染绿的景象，这些藻类是水中最重要的植物，它们负责着大部分净化水质、释放氧气的工作。虽然高等植物也能释放氧气，但地球上70%以上的氧气是单细胞藻类释放出来的，它们虽小，

右图：水池边潮湿树干上
生长的苔藓和蕨类植物

数量却庞大得无法计量。

　　在离开池塘前，我们还要关注一下池塘边的一些植物，这些植物虽然不直接生活在水中，却离不开池塘给它们带来的潮湿环境，它们也是这片水域的成员。在河边的岩石、树根上长满的苔藓，池塘带来的湿气让它们旺盛地生长。一旦天气干旱，水位下降，这些植物就会死亡。不过，不用担心，当湿气重新回来的时候，这些小植物就会复生。蕨类植物也离不开潮湿的环境，它们和苔藓杂居在一起，享受这池塘赐予它们的水分。还有水芋（滴水观音）、冷水花、野薄荷、水蓑衣等，这些植物让池塘边看上去杂草丛生。

　　植物们离不开水，所以它们尽量地临近水源生长，枝丫错综地纠缠在一起，让你分不出谁是谁。

　　该怎样区分它们呢？让我们对水生植物进行分类，以便更好地了解它们。就刚才的观察，我们可以把水生植物分成如下七类，即藻类、挺水植物、沉水植物、浮叶植物、漂浮植物、水缘植物和喜湿植物。当然，最后一类除池塘边外，潮湿的深林深处也有它们的踪迹。下面，让我们对这七类植物进行总结。

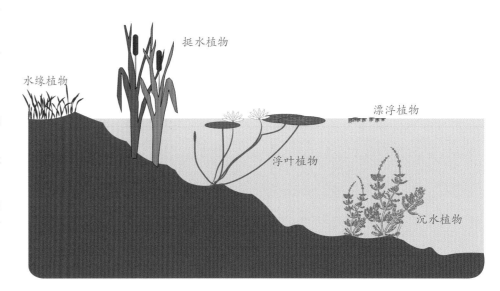

二、水生植物的分类

藻类

　　藻类是很复杂而庞大的一类生物，由早期的光合细菌演化而来。因此，它们跨越了细菌和植物两个大界，我们通常把藻类归属到植物中，但有一些藻类属于菌类，比如蓝藻。相对更复杂多样的海藻来说，淡水藻类更简单一些。通常可以见到两类，一类是低等的单细胞藻类，另一类是高等一些的多细胞藻类。最常见的藻类就是将水染绿的单细胞藻类，包括很多品种，比如小球藻、筛藻等。附着在水下岩石上、水族箱玻璃壁和鱼盆内壁上的绿色或褐色藻类也是单细胞藻类中的几种。多细胞藻类中最常见的是水绵，夏天温度高的时候，随便在阳光下放一盆清水，几天后就有丝状水绵生长出来，它们的孢子广泛飘浮于空气中，残留在自来水里，甚至干燥的沙土中也有。水族箱中生长出来的黑毛藻、丝藻也是多细胞藻类。

　　藻类的生理功能很简单，它们属于低等植物，看上去就像一个皮囊包裹了一些叶绿素一样，它们不断地进行光合作用，不断地生长分裂繁衍。藻类比高等植物生长速度快，所以在藻类生长茂盛的河渠、湖泊中，高等植物很难健康生长。在污染严重的水域里，藻类也能茂盛地生长。

左图上：池塘中的多细胞藻类

左图下：池塘中的单细胞藻类将水染成绿色

挺水植物是水生植物中的优势族群

沉水植物大片地生长在河底

挺水植物

　　将根扎入水下泥土中，茎和叶挺出水面，并在水面以上开花结果的植物，被称为挺水植物。其数量不少，常见的有芦苇、荸荠、茭白、香蒲、荷花、水竹等。挺水植物是水生植物中分类很复杂的一支，包括了许多不同分类的植物，比如睡莲科、泽泻科、禾本科等，从定义上讲，生活在湿地的红树和池杉树都应当算是挺水植物。所以，挺水植物包括了我们通常意义上定义的树木、花草、庄稼、药草等，可以算是一应俱全。

　　挺水植物在自然界扮演着重要的角色，它们使滩涂、岸边的水流减缓，将水面分割成为平缓的小空间。因此，挺水植物生长的地区也是水生动物或近水生动物的繁育乐园。挺水植物对水中营养的吸收能力比沉水植物高，对水质的净化效果好。在挺水植物生长繁茂的湿地区域，污水能够很大程度地得到净化，因此，湿地又被称为"地球之肾"。

　　被用来观赏的挺水植物很多，香蒲、荷花自古就被人们在庭院池塘中种植。据说，香蒲可以传递爱情，而荷花是纯洁美丽的象征。在现代的水族箱中，挺水植物被利用得更广，几乎所有插茎类水草都是挺水植物。挺水植物在水中生长的茎、叶片和水面上生长的有很大区别。在栽培水草过程中，认出它们是有些困难的。

沉水植物

　　严格意义上讲，沉水植物才是真正的水草，因为它们身体的全部均在水中生长，只有少数开水上花的品种要用长长的花茎将花送出水面，以便昆虫授粉。相对其他类，沉水植物品种并不丰富，常见的有水兰、篲藻、金鱼藻、蜈蚣草、海带草、网草等。大致可以分成两个大形态类型。一类是和挺水植物外形类似的，具有一个延长的茎，茎上对生轮生叶片，茎从水底长出，直冲水面，但不会挺出水面。这类的代表品种是眼子菜，全球各地的水中都能见到。另一类是类似油菜、白菜那样从中心生长大型叶片，没有明显的茎，叶片自行对生或轮生。这类的代表品种是篲藻和水兰。网草和海带草也属于这类，略有不同的是，它们在根的位置生长有储存营养的大块茎，这点和睡莲很像，它们的叶片也不能浮出水面。

　　沉水植物的根系已经明显退化，它们的叶片、茎能起到吸收营养和水分的作用。它们的外表皮没有陆生植物和其他水生植物具有的保护膜（蜡质膜），暴露在水面以上时，很快就会脱水干枯。

　　沉水植物既然是真正的水草，自然也是人类最早栽培在水族箱中的品种，虽然数量不多，但广为大家熟知。很多品种容易适应环境，而且对光照的要求不强。

浮叶植物

　　睡莲、萍蓬草、芡实、菱角都是典型的浮叶植物，它们在水下生根、长茎，利用叶柄将叶子送至水面，叶片漂浮在水面上，底面接触水，上面接触空气。它们在水面上开花，结果。在环境不适或寒冷的冬季，叶片、叶柄全部脱落死去，只留下淤泥中的根茎休眠，待到环境转好，叶片会重新生长出来。

　　浮叶植物在野外池塘中并不多见，但是大多数被人为采集种植到公园的池塘中，成为池塘中最好的装饰品。最大型的水生植物也在浮叶植物家族中，南美洲的王莲，叶片直径可以生长到2米以上。浮水植物的水中叶和水上叶也明显不同，有一些品种可以在水族箱中种植，欣赏水中叶。不过，这类植物要求种植材料肥沃，喜欢沉积物非常多的淤泥，在营养贫瘠的沙子中种植是很难生长良好的。

浮叶植物——睡莲

漂浮植物

　　浮萍、凤眼莲、大薸等即为漂浮植物，它们不扎根于水底，只漂浮在水面生长。由于没有根系固定，这类植物多数只能生长在静水的池塘中，因此对水质的要求很低。漂浮植物数量不是很多，但它们的生长速度很快，而且可以分裂繁殖，不需要开花结果也能大量自我复制。在阳光充足的夏天，几片浮萍数周后就能生长得遮盖多半个池塘。漂浮植物对水中的营养盐吸收能力很强，又能遮蔽射入水中的光线，是藻类和沉水植物的克星。在渔业养殖上，为了得到清澈的水，人们经常在鱼塘里引种漂浮植物。

　　许多漂浮植物的根已经退化消失，比如无根萍、槐叶萍等。槐叶萍会生长出类似根系的绿色丝状水中叶，用来吸收水中的营养盐。当然，从外形上看，它们的茎也退化得所剩无几，全部构造几乎是由叶片组成。

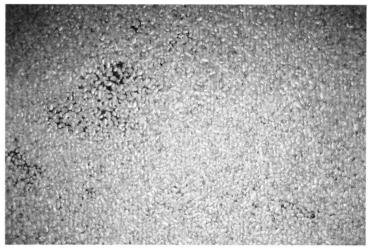

漂浮植物——浮萍

水缘植物

　　水缘植物是生活在水边的小型植物，它们扎根于池边的陆地上，将叶片或茎探到水面上生长。有些种类甚至可以将茎、叶潜入水下生长。虽然是陆地植物，却有很好的耐水性，一些品种利用强有力的根，将自己固定在小溪或河流边的岩石、树干上生长。当水位升高，它们被浸泡在水中成为水下的植物，水位降低时又露出水面，继续营陆生生活。

　　水缘植物在热带、亚热带非常常见，比如众所周知的榕草、辣

溪流边生长的各种水缘植物

椒榕草、水芋、辣椒草等天南星家族的成员都是水缘植物。多数水缘植物生长速度比较缓慢，这符合了其在热带繁衍的特征。它们不需要尽快地生殖繁衍，因为不用面临严酷的冬天。

大多数水缘植物已经被作为观赏水草贸易、栽培。殊不知，它们并非真正的水草。

喜湿植物

如果说水缘植物必须生活在水边，被叫做水草还勉强可以。喜湿植物作为水草就太过牵强了。顾名思义，喜湿植物就是喜欢生长在潮湿环境下的植物。这类植物为数不少，跨越三个大分类——苔藓、蕨类和一些维管植物［维管植物（vascular plant）是具有维管组织的植物。现存的维管植物有 25 万～ 30 万种，包括极少部分苔藓植物、蕨类植物和所有裸子植物、被子植物］，其中苔藓和蕨类最多。

喜湿植物不但在池塘边常见，在湿润的森林以及高海拔的山区也很常见。由于喜湿，所以耐水性很强，不会像耐旱植物那样如果被长期浸泡在水里就会腐烂。喜湿植物中的一些品种能够通过驯化转换成在水中生活。也就是说，它们既可以在陆地上完成呼吸作用，也可以在水中完成呼吸作用；既可以利用水中的溶解氧和二氧化碳，也可以利用空气中的氧气和二氧化碳。因此，一些品种被人们采集来作为水草栽培，比如各种莫丝（Moss）、水龙骨类、水蕨和少数陆生蕨类。

上图：大多数蕨类是喜湿植物

左图：苔藓是水草造景方面应用最广泛的喜湿植物

三、家中的水草从哪里来

　　看了上文，也许你会到身边的池塘或林地去考察了一下，果然发现了很多稀奇古怪的水生植物，但为什么没有一种和自己水族箱中种植的一样呢？水族箱中的水草从哪里来？

　　先把这一点说明白是非常重要的，在后期的栽培、造景和水草繁殖方面都离不开先认识它们。有些朋友栽培了几年甚至十几年水草，却从来不知道自己养的到底是什么样的植物；还有一些水草就生长在我们的窗前屋下，我们却总认为水族箱里的那一丛是从南美洲空运过来的。于是，栽培和培育这些水草似乎变成了神话，很多人认为养好水草是高不可攀的事情。其实，一株水草不比路边的一颗柳树生命力差，我们之所以栽种不活，是因为我们根本不知道它们是什么。我们知道柳树需要种植在什么地方，种上了，不用特意的照顾，它也会成长起来。然而，面对我们不认识的植物，怎样种以及种在哪里等问题就变得十分棘手。我们之所以不认识那些水草，是因为，这些被我们称为水草的植物，其外观充满了变化。一株植物在不同的生长条件下可能有几种完全不同的外观。也许，你去考察的池塘中就有很多种是你现在水族箱中种植的水草，但它们体现出了不同的形态，所以你不认识。也许，你在回家的路上不经意就踩到了好几种你正在栽培的水草，而你仍然因为它们外观不同而视而不见。这就是我们总也养不好水草的重要原因。

市场上的沉水性水草

　　凡事要知其然，还要知其所以然。本书后面会讲到关于强光水草、弱光水草、喜欢软水的水草和喜欢有一些硬度的水草，这些所谓的水草习性，都来源于它们在自然界的生长地位。只有了解了你栽培的水草在自然界中到底是什么样子，才会领悟到家庭栽种时，光、水、肥使用的原理。若不然，只是人云亦云，人家告诉你怎样养，你就怎样养，稍有变化，或换个品种，或换个环境，你就不会了。

　　现在就让我们了解一下家养观赏水草的由来。

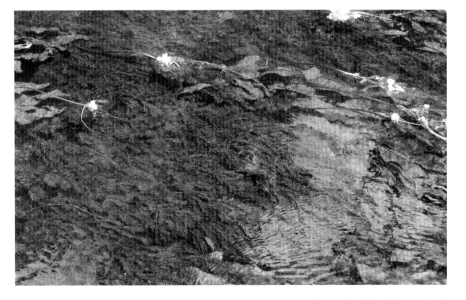

河中错落生长的海带花和狐尾草

河里捞的

　　河里捞的水草，最容易辨识，而且历史最悠久。就是前面说到的沉水植物。这些水草在野外与在水族箱中的样子没有什么差别，是真正的水草。比如：大水兰、蜈蚣草、金鱼藻、海带草、网草等。中国的金鱼饲养者早在600年前，就懂得春天的时候到河中捞蜈蚣草和眼子菜供金鱼用仔使用。不是所有这类品种都能在我们身边的河流中捞到，其中大部分产于热带地区，比如海带草和网草等。河里捞的水草相对其他水草很好区分。由于它们只生活在水中，可以借助水的浮力支撑叶片，所以没有坚挺的茎和叶柄。当你把这些水草从水中捞起来的时候，它们非常柔软，不能自己直立起来。只要暴露在空气中超过20分钟，叶片就会出现不同程度的干枯现象。

这些真正的水草都喜欢比较弱的光线，尤其是那些生活的水深 1 ~ 6 米的水草，更能适应弱光。栽培这些水草，你只需要提供和其自然生存环境差不多的水质条件即可。如果是本地产的水草，那就更好养了，比如各地河流里都有的蜈蚣草、眼子菜，几乎扔到水族箱中就能很好地生长。

河边拔的

上图：野生的慈姑草

下图：直接从河边拔来种植到水族箱中的慈姑草

相对河里捞的品种，河边拔的品种要难鉴别很多，而且栽培难度也各有不同，最关键的是这些水草还是家养水草中品种数量最多的类别。如果不了解这些水草的两形态特征，你根本就不会相信你在河边看到的那些草，就是你栽培在水族箱中的水草，它们之间可能有天壤之别。

泽泻、玄参、千屈菜、柳叶菜、爵床乃至天南星家族部分品种都属于这个类别。到了下文你就会知道，这六个类别是家养水草中的主流品种，总数量占了现在所有观赏水草的 90%。难怪大多数水族箱中的水草和河边的水草都"对不上号"呢，因为它们大多数是变身专家。

水草如何变身，何为两形态特征？简单地说，就是一种水草的两种形态，即在水下生长时一种形态，在水上生长时又一种形态。当然，也有一些品种有三种或三种以上的形态，比如在水下强光时是一种形态，弱光时是另一种形态，高温时是一种形态，低温时是另一种形态等。

举例说明。例一：千屈菜科、节节菜属的宫廷草，在自然界生长的时候，水下的茎光秃秃的而且很坚挺，为的是节约营养，发力生长到水面后再生长水上部分。水上部分叶片密集，支撑整株植株生长的光合作用。我们栽培宫廷草却没有欣赏其水上叶的习惯，都是将其种植在水下。为了让宫廷草的水下部分能生长出密实的叶片，必须加强光照，人工提供的光照强度可能是宫廷草在野外生长河流中光强的几倍。这样，宫廷草的水中叶能充分光合作用，于是就出现紧密的水中叶。由于人工环境下水面以上光线太强，所以水族箱中的宫廷草在生长到水面后并不会挺水而出，而是沿水面漂浮生长。这时，我们将过长的部分剪断，宫廷草的底部茎就会重新萌发出水下芽。如此反复，我们就得到了紧密茂盛的水下宫廷草。自然界中是绝对不会出现这种情况的。当我们把野外采集的宫廷草水上茎叶、水下茎叶和人工栽培的水下茎叶放在一起比较时，第一个茎硬、叶圆，第二个是光秃秃的硬茎，第三个则柔软而具有紧凑细长叶片，当然很难认出它们是一个品种。

例二：美丽的红太阳草是柳叶菜科的佼佼者，然而，它那太阳光芒一样辐射生长的叶片和火红的颜色，完全是人工调理出来的。

左图：红太阳草的水上形态

右图：红太阳草的水中形态

下一：羽裂水蓑衣的水上形态

下二：羽裂水蓑衣的水中形态

野生的红太阳草根本没有这些颜色。它们生长出水面的茎和叶子就如同路边常见的蒿草，甚至还有一些类似蒿草的气味。野外的红太阳草很少生长水中叶，水下茎就是为了将植物的上部输送出水面。所以，水下只有为数很少的轮生的褐色或黄褐色叶片。人工环境下，我们为了欣赏这种水草在水下的样子，把光照提高了数十倍，于是红太阳草开始生长紧密的水下叶，原理同宫廷草。但叶片只是绿色、黄色或褐色的。我们还为水中提供了大量的二氧化碳和肥料，这给红太阳草转变带来动力。要知道，在空气中获得的二氧化碳和光照远比在水中充分得多，所以水草"规定"自己只有水上叶片才能生长得紧密、富有颜色，为的是避免营养的浪费。而当水下能获得大量的光线、养料和二氧化碳时，水草不必再顾忌营养的浪费，于是那火红而紧密的叶片形态就出现了。人工栽培的红太阳草得到了这么多人为因素的干扰和塑造，当然和野生的状态大不相同了。

　　例三：皇冠草和所有泽泻家族的成员一样，都是在水畔生长的中型植物，它们有如油麦菜样式的叶片，挺水而出，使水边看上去像一片菜园。这种生长态势由三种因素决定，一是充足的阳光，二是温暖的环境，三是充足的肥料。热带地区有充足的日照，四季皆是夏天，河边的淤泥充满了从陆地冲刷而来的腐殖质。在人工栽培条件下，皇冠草一般被种植在营养很少的沙子中，为了防止生长速度过快，我们降低光照强度，并提高水位。那么，皇冠草只能生长柔软的水中叶，生长速度也比野生条件下慢很多。将野生皇冠草的水上叶和人工栽培皇冠草的水中叶放在一起，我们就会误会它们是不同的植物。

　　实例很多，我不能一一说明。这些例子说明了一个问题，就是这些水生植物的适应能力很强。它们为了适应新的生活环境，不惜改变了自己原本的面貌。在人工栽培过程中，我们很少完全效仿自然界的环境，这是因为，我们要得到植物更美丽的一面，至少是适合在水族箱中欣赏的一面。

　　改变植物的性状，让它们按照我们想要的方式生长，这并不是容易的事情，是许多水草业者和爱好者不断对这些植物研究而得到的技术。这种技术有几个基本的理论，那就是原本生长在水下的挺水植物，为了得到更多的光而选择尽快生

长出水面，我们可以用增强水下光照的方式，把它们维持在水下生长状态。原本不生长水中叶片的植物，我们可以通过降低光照和营养，让它们生长出水下叶片。原本喜肥的，我们就减少肥料的供给；原本不喜肥的，我们可以增加肥料的供给。总之，将野外的水生植物改成形象大变的家养状态，是对水、光和肥料灵活运用的杰作。当然，从自然角度去看，它们也是原生植物的病态生长体现。

有了这些知识，爱好者可以去身边的池塘采集一些挺水植物或水缘植物，也许你也能将其驯养成一种美丽的水草。实际上，这种工作一天都没有停下来过，看看市场上频繁出现的水草新品种，真正的沉水植物已经很少了，更多的是人们不久前从河边拔来的一些不知名的草，经过水下培育后，另起新名，作为观赏水草流入市场。

网纹草因为耐湿性强，常被当做水草出售，它们是市场上最常见的"假水草"

草丛里捡的

还有很多家养水草在野外根本不是水草，比如一些蕨类、天南星、苔藓等。只不过这些植物很耐水，能在水中存活一段时间。

这些草大多生长在河边的草丛中、潮湿的林地上。一些以经营为目的的水草采集者，将它们采集来浸泡在水中，只要一个月内不腐烂，就可以去大量采集当做水草出售了。这就是所谓的"假冒水草"。这种"假冒水草"在自由市场的小商贩那里经常可以购买到，常见的有肾蕨、兔脚蕨、卷柏、大水芋（滴水观音）、万年青、凤尾竹、网纹草、薄荷，甚至还有半干旱地区生长的景天类。当然，这些植物也未必是商贩自己从野外采集的，前面说的几个品种在花卉市场里都是价格低廉的小型绿植，商贩低价买来，然后去掉盆土，泡在水中。因为耐水，这些植物几周内不会腐烂，所以让人误认为是水草。如此将陆生植物改为水生植物贩卖，利润颇丰。一小株网纹草在花卉市场购买只需要5元钱，当它们被去掉盆土后拆散成10个小份，每份都可以按彩虹水草的名义出售到10元钱左右。所以，商贩们乐此不疲。

这些"水草"是养不活的，它们能在水中保持自己的形态一个月左右，之后还是慢慢地腐烂了。在水中的那段时间，它们不生长，没有呼吸作用和光合作用，只是休眠状态，时间长了就进入死亡状态。这些"假冒水草"，不但不能养活，还会在腐烂的过程中向水中释放大量二氧化碳和有毒的氨氮，败坏水质。你也无法和商贩计较，因为等到这些植物真正死亡的时候，一个多月已经过去了，你找上门去，人家会说是你栽培得不合理，技术太差。你还心虚，不能自我分辨。因为，你若不是新手，怎么能购买那样的假水草呢？商贩用几句不疼不痒的话，比如：光照不足、没有加二氧化碳等，就把你打发了。

学会区分真假水草是十分关键的，但假水草的品种太多，我没

各种耐湿植物被当做水草出售

有太好的办法全部讲述给你。这里要感叹，植物啊，为什么你们大多数有那么强的适应能力呢？有人说水生植物和陆生植物的叶片不一样，水生植物的叶片柔软，陆生植物的叶片坚挺，只要通过叶片的硬度就能区分它们。这并不确切，比如水生植物中天南星家族的榕草，叶片全部是坚硬的，可它们的确能在水族箱中生长得很好。陆生植物中不少兰科植物生来叶片就柔软，却不能在水下生活。

怎么办呢？除了不断观察和积累经验外，唯一能写在书里的办法是：你不妨在买水草前逛一下附近的花卉市场。不少小商贩不愿意远道进货，它们就在附近的花卉店里购买一些陆生盆栽，然后充当水草出售。你只要在附近的花店里看到了和你要买的水草类似的盆栽品种，那就不要购买了，那很可能就是一盆泡在水里的花。

陆生蕨类因为耐湿也是假水草中的常见品种

上图：野外附着在潮湿岩石上的苔藓

下图：苔藓被采集来，转成水中形态后作为水草出售

树皮、岩石上刮的

苔藓、爵床和天南星家族的一些成员都是人们从小溪边的岩石上、潮湿的树皮上刮下来的。这些植物虽然也不是真正的水草，但它们经过驯化能在水族箱中生长得很好，但驯化难度远比挺水植物高。

当我们来到一条小溪边，仔细地观察会发现，这里根本没有一株水草，就连芦苇之类的也没有。湍急的水流撞击到溪中的石块上，水被溅得到处都是，于是岩石上总是湿漉漉的。在那些潮湿的岩石上生满了苔藓，在石头与石头相交的缝隙里伸展出一些具有茎叶的植物。转过身来，看溪边的大树，树皮上和岩石上相仿，因为那些水也照样无时无刻不迸溅到树皮上。这些植物被人们用小刀、小铲刮下来，带回家去。有根的种植在水族箱中，没有根的用线捆绑在石头或沉木上置入水族箱。给予温柔的光线、清澈的水质，不久后这些外来的植物会全部死掉，但在它们的"尸体"上生长出了新的芽，这些是适应了你水族箱中环境的植株，它们成为了观赏水草。只不过，新生的那些叶和野外的略有不同，不懂行的人根本不知道，那些原来就是小溪边石头上的一些杂草。

通过这样采集来的水草品种很多，因为这些草毕竟扎根于水中，或是总被水打湿，所以它们自然也可以在水下存活。

各种苔藓被变成水草后更名为莫丝，实际是用了苔藓的英文名 Moss。不过苔是苔，藓是藓。苔没有根，像一片片绿色的小木耳，有些在变成水草后仍然保存了原本的名字，比如鹿角苔。藓是一种丛生的小植物，用根将自己固定在岩石和朽木上，吸收其间的营养。最常被用来当做水草的藓是灰藓科的品种，所有的莫丝都是这类。随着人们开始喜欢水草造景，更多的苔藓被开发，包括葫芦藓、凤尾藓等。关于苔藓的专题，下文会详细介绍，这里不再赘述。

我们从潮湿岩石上采集回来的高等植物，一般是天南星家族的成员，其中最著名的就是辣椒草、榕草，以及当下炙手可热的辣椒榕草。这些水草原是陆地植物，最多只能算半水生植物。当我们决定把它们彻底种植在水下时，它们给了我们一个小小的惩罚，那就是生长速度慢得让人苦恼。

人工培育和改良

的确有一些水草不属于自然物种的范畴，即使走遍全世界，你也不能在野外发现它们的踪迹。这些品种是人工培育和改良出来的，在整个观赏水草家族中为数不多，但多是常见的品种。

人们对水草的培育和改良大概有100多年的历史，最早是欧洲的水草养殖场模仿花卉养殖场技术进行的操作，其中主要是杂交和突变分离。

杂交是植物培育中常用的手段，通过对同属但不同种的两种植物进行授粉，如果它们之间可以杂交，就能得到种子。将种子播种下去就生长出了一种新的植物，假如这次杂交很成功，新培育出的植物DNA链是成对的，它就可以再进行繁殖。但大多数品种的DNA是不成对的，也就是无法再次产生后代。比较鲜活的例子是骡子，马和驴交配产生骡子，但骡子没有后代。

植物杂交应用十分广泛，最耳熟能详的是袁隆平先生的杂交水稻技术。在观赏植物领域里，杂交技术就应用更多了，我们现在在花店里购买的玫瑰、菊花、百合等都是杂交的产物，并不是原种。植物杂交比动物杂交更容易，即使杂交出的二代不能产生自己的种子，我们也能用组培、扦插等方式对其进行无穷的复制。

在水草中通过杂交得到的品种主要是一些大型并开花的植物，比如泽泻类中的火焰皇冠草、红皇冠草，天南星里的苹果榕草等。

突变分离实际上包括了两个部分，一是突变，二是人工分离定向培育。根据遗传学定律，生物的突变无时不在。水草也一样，一些突变的个体，比如叶子突然变红了、边卷曲了，或者叶片变大了、变小了等，在自然界中会被残酷的环境所淘汰。而人工培养过程中，只要这种突变所得到的植株具有更美丽的外表，我们就会刻意保留。然后用这些突变的个体进行繁殖，这就是所谓的分离和定向培育。当突变个体的后代逐渐稳定地继承了突变的特征，那么一个新品种就诞生了。

上二图：水草养殖场多数情况是利用自然光养殖水草的水上形态植株，在出售商品水草前，对它们临时转水

突变的品种在观赏水草中也不少，主要集中在插茎类水草中，比如红宫廷草是宫廷草的变种、迷你红蝴蝶草是青蝴蝶草的变种、古巴叶底红是豹纹丁香草的变种。

杂交种和变种在长时间的栽培过程中存在着很大的不稳定因素，杂交种的后代经常会变成其"祖父母"的样子。比如豹纹皇冠草是红蛋叶草和皇冠草的后代，将豹纹皇冠草的侧芽剪下重新栽种，其中一些突然变成绿色的皇冠草。突变品种返祖现象就更明显了，红宫廷草在栽培环境突然变化后，很容易变成普通宫廷草。稻穗草在光线长期不良的情况下，偶尔会生长出不卷曲的叶片，从而退变成青蝴蝶草。

总之，水草品种的人工培育让水草的花色层出不穷，使我们得到了更多红色、紫色、金色的水草。但是，这项工作只适合水草养殖场进行，个人爱好者操作起来就有些吃力了。

上二图：能翻转出紫色叶底颜色的稻穗草实际是青蝴蝶草的人工变种

四、水草生理学

前文谈到了很多关于水草根、茎、叶的问题，虽然我尽量把内容写得通俗易懂，但如果没有基础的植物学知识，有些朋友也可能一头雾水。没关系，我们来了解一下水草的生理构造和生理特征，从而为识别水草、栽培水草，也为能看明白本书后面的内容打下坚实的基础。这一部分也许有些枯燥，但很重要。我尽量写得轻松些，也需要读者耐心阅读。

水草的生理结构和其他植物的生理结构没有什么区别。回忆一下初中时期的生物课，关于植物方面是怎样讲的呢？我们先从根、茎、叶、花、果、种说起。

以上，不能分担吸收养分的作用。挺水植物有延长而繁茂的根系，用来吸收河边泥沙中的养分。同时，庞大的根系能更好地固定它们。因为挺水植物面对的不仅仅是河水的冲刷，还有大风的洗礼，水鸟和小型水生动物的破坏。睡莲、莼菜等浮叶植物的根也很发达，但它们埋在淤泥中那庞大的块茎并不是根，莲藕、荸荠、菱角只是植物特化了的茎。浮萍没有真正意义上的根，它们的根几乎完全退化，取代根的是根须状叶片。苔藓没有真正的根，蕨类的根也仅仅起到固定自己的作用。至于那些水边生长的野草，它们的根和城市绿化带上草的根没什么两样，唯一的区别就是更耐水。

根

根是高等植物具有的器官，并不是所有水草都有根，但有根的水草，根的作用则非常大。根扎在泥土或沙砾中，起到固定植物、吸收水和养分的作用。通常，越高等的植物根系越发达，陆生植物的根分为主根、须根还有块根。水草只有须根。

对于常年生活在水下的水草来说，根的吸收作用已经明显退化，叶片和茎分担了吸收养分的工作。根对于它们来说主要起到固定作用，防止水流将其冲走。挺水植物的根系很发达，因为它们大部分茎和叶都是在水面

茎

陆生植物的茎是用来支撑整株植物的组织，比如大树的干，小麦的秆等。水生植物的茎因品种不同而有很大的区别。挺水植物的茎和陆生植物的茎很相似，用来支撑整株植株。比如千屈菜科、柳叶菜科、玄参科的植物。沉水植物多半会生长出走茎，这种从植物根部横向生长、钻入泥沙中的茎，会在顶端生长出芽，最后成为新的植株。这是植物的一种繁殖方式，称为走茎繁殖。走茎繁殖的代表品种是各式各样的水兰。只要栽种一两株，它们不久就能利用走茎在水族箱中窜得到处都是。

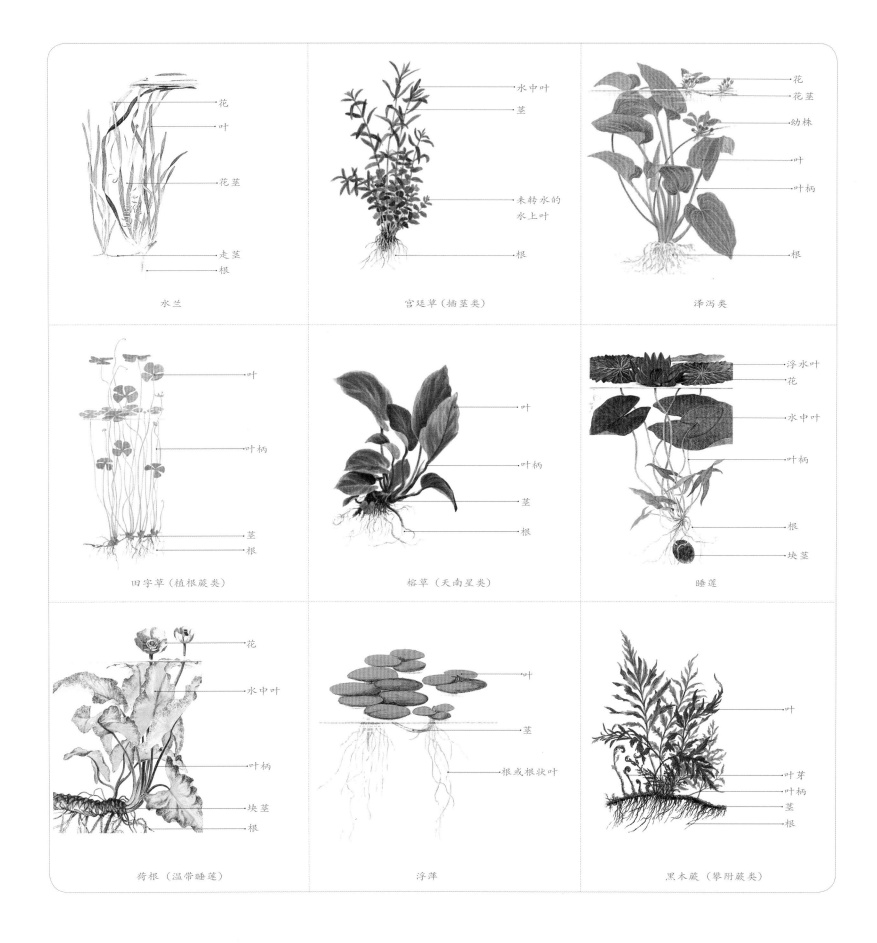

水兰

花
叶
花茎
走茎
根

宫廷草（插茎类）

水中叶
茎
未转水的
水上叶
根

泽泻类

花
花茎
幼株
叶
叶柄
根

田字草（植根蕨类）

叶
叶柄
茎
根

榕草（天南星类）

叶
叶柄
茎
根

睡莲

浮水叶
花
水中叶
叶柄
根
块茎

荷根（温带睡莲）

花
水中叶
叶柄
块茎
根

浮萍

叶
茎
根或根状叶

黑木蕨（攀附蕨类）

叶
叶芽
叶柄
茎
根

浮叶植物的茎特化成为了蓄积营养的块茎，这些茎十分肥大，大多富含淀粉。当冬季到来的时候，植物的叶片全部枯萎，淤泥中的块茎为植物存储营养，待到来年春暖时候，叶子又会从块茎的节点上生长出来。水生植物的块茎富含营养，只要没有毒的，多数会被人类利用，比如藕、荸荠等。

石蒜科的水草生长出了巨大的鳞茎，很像大蒜和郁金香花的"大根球"，那也是用来存储营养的。一些睡莲在根系的末端会生长出小球茎，并不和植株的主体相连，这种球茎在生长一段时间后就会成为新的植株，脱离母体。

浮萍等漂浮植物以及苔藓没有真正意义的茎，蕨类的茎不但能起到积存营养的作用，还能起到固定植株的作用。不少水生植物的茎内也含有叶绿素，同叶一样可以进行光合作用。

拔针形叶	倒拔针形叶	窄拔针形叶
长拔针形叶	针形叶	箭形叶
戟形叶	带形叶	椭圆形叶
心形叶	卵形叶	长卵形叶

叶

　　叶子是水生植物的重要组成部分，在陆地上有叶子极度退化的植物，比如仙人掌。水中却没有。叶片内含有大量的叶绿素、花青素。植物通过叶片表面吸收阳光，完成光合作用。因品种不同，水生植物的叶片形态各不相同。

　　睡莲类具有大而圆的叶片，松尾草是紧密的针形叶片，泽泻类是卵圆或舌头形叶片，天南星类有心形或剑形的叶片。植物的叶片形态和其在生长条件下的光照情况有很大的关系。大型叶片的种类通常是为了争夺更多的光，说明其产地光照不是很充足。当然，也有一些是自身需要更强的光照完成块茎蓄积营养的工作，比如荷花。叶片细小的，说明植物生长在阳光比较充足的地方，而该地的潮湿度不高，为了减少水分的蒸发，植物必须把叶片变细变小。

　　叶片由叶柄和茎相连，根据生长条件的不同，叶柄的长度也不一样。睡莲的叶柄很长，它必须把叶片送上水面。千屈菜的叶柄很短，因为把叶片送上水面的工作由茎代替了。

　　叶片上有很多叶脉，叶脉有平行伸展生长的，也有通过一条主脉对称生长的，这和植物自身营养循环有关系。比如水兰类都是平行叶脉，而天南星都有主脉。如同动物的血液循环，水兰将叶片每一部分经光合作用而产生的糖分直接运输到根茎，再把这些糖分和必要的营养从根系直接传送到叶片的每一部分。天南星则将所有元素先输送到主脉，然后分流。为什么植物要生长出不同的叶脉，则有待研究。

　　叶片从茎生长出的方式可分为对生、莲座生、互生、轮生和羽状生。挺水植物多是对生、轮生和互生的，泽泻类全部是莲座生，蕨类是羽状生。一般对生、互生、轮生的叶片寿命很短，不到一年就会脱落，或随植株自然死亡。莲座生的叶片寿命比较长，但老叶片会被新叶片替代，往往最外侧的老叶会随着内侧新叶的长出而变黄枯萎。羽状生的叶片寿命最长，不少蕨类、榕草采取这种方式生长叶片。它们的叶片是多年生的，只要没有大的环境变化，能保持很久而不枯萎。所以，在栽培一段时间后，你会发现有些水草的叶片越来越多，有些水草则不论怎样生长，都只保持那十几或几十片叶子。

　　一些浮叶植物和漂浮植物的叶片上会生长出很多细毛，利用水的表面张力，使叶片表面不沾水，这样有助于它们漂浮在水面上而不下沉。四色睡莲和虎斑睡莲的叶片还有繁殖作用，当老叶片枯萎后，叶片中心部位会生长出新的小株。

轮生叶

莲座生叶

对生叶

羽状生叶

互生叶

左图：水薤类在水面上开出的花

下图：辣椒榕草在水族箱中开出的水中花

花

　　不是所有的植物都开花，植物进入了维管植物后才出现了花，藻类、苔藓、蕨类是没有花的。水生植物中开花的品种不少，如果你栽培了一段时间水草，就会发现泽泻类是最容易被培养开花的品种，其次是睡莲和天南星，水兰和插茎类则要困难一些。水草的花和陆生植物的花一样，作用都是招蜂引蝶，好让这些昆虫帮助它们授粉。所以，绝大多数沉水草的花必须开在水面以上。泽泻类用一根长长的花茎把花送出水面，插茎类如果不能长出水面就不会开花。只有少数的水草会开水媒花，这类植物通过水流作用授粉。在水族箱中种植的水草品种中，此类并不多。

果实

　　果实是植物种子的保护外衣，也是植物送给种子的一份营养大餐。对于更多的陆生植物来说，果实是送给动物和人类的美味。

　　植物在完成了授粉后，就孕育出了种子。为了保护种子，它们在种子外附带生长出了一层皮，这样，种子就不会在环境不适的时候被冻死或干死。要知道，种子是植物的结晶，是植物的后代，是整个植物族群的希望。种子的外皮在进入泥土后会腐烂产生有机肥料，这正是幼苗破土而出的重要营养。

　　有些植物为了让自己的种子能传播更远，它们用心良苦，使果实含有大量糖分，味道十分鲜美，于是鸟类和哺乳动物都争相食用，动物带走果实的同时也带走了种子。当种子再度被遗弃的时候，它们可能已经离开自己的母株很远，在那里又有一片新的天地，动物的粪便和食物残渣则为幼苗的生长提供的养料。

小喷泉草的花

水车前草的花

相比之下，水生植物的果实却不是很出色。我对水生植物的果实没有进行过太多的研究，但在我所知道的观赏水草品种中，并没有哪种水草的果实很出色。相比之下，池塘里种植的水生植物，其种子能食用的很多，比如莲子和芡实。

种子

种子既是一棵植物的结晶，也是一株未来的植物。它里面藏着一个小小的胚芽，一旦环境适合，胚芽就会破土而出。水生植物的种子有沉性和漂浮性两种。沉性的是为了就地繁衍的方便，当种子从植株上掉落水中，就会在原地生长出新的植株。漂浮的是随水漂浮一段距离后再进行生长，以免某种植物在某地繁育过多，互相影响。一般在野外条件下，一年生的水生植物产出沉性的种子，而大部分多年生水生植物产出漂浮性种子。

了解了水草的生理构造，接下来我们再了解一下水草的生理活动，其中主要介绍光合作用、呼吸作用、生长和生殖。当然，植物的生理活动还包括了吸收、同化、消化等作用，因为我们不是做科学研究，所以对于栽培水草不常用的知识就不做介绍了。

发芽中的莲子

芡实

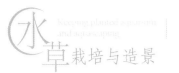

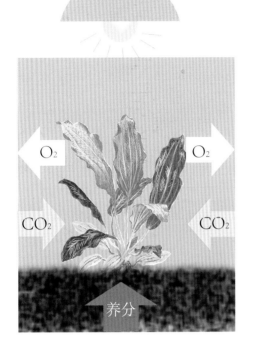

光合作用　　　　　　　呼吸作用

然通过光合作用自己生成糖分，有些生成得还特别多，于是我们又沾了光。甘蔗通过光合作用生成了大量糖分，我们彻底榨干了它们，然后获取其体内的糖。

这一切好像很完美了吧？不是的，我们还需要维生素和矿物质，植物呢？它们只需要矿物质，因为维生素仍然可以自我生产。比如，胡萝卜生产了大量维生素A，于是成为了我们餐桌上的健康食品。吃胡萝卜不但能补充维生素A还能补充铁等矿物质，为什么？秘密就在这里，植物将从土壤中吸收的矿物质，通过光合作用转化成为了维生素。当然，这个过程很复杂，而我说得很简略。

可以说，光合作用几乎是植物获得一切生长物质的来源。了解光合作用的知识对后面将讲到的水族箱光照的运用有重要意义。相信明白了这些道理的朋友，就不会在水草照明灯上吝啬了。

光合作用

这是多么熟悉的一个词啊，相信大多数人知道光合作用指的是什么。光合作用，听起来是多么健康而阳光的一个词。光合作用的确离不开阳光，而且是水草健康的重要条件。

简单来说，光合作用就是植物利用叶绿细胞吸收光并将水与二氧化碳（或硫化氢）反应，产生养料的过程。其必要元素有光、叶绿细胞、水分、二氧化碳、营养盐，其产生物一般是氧、糖、淀粉、氨基酸（或者植物蛋白）。

现在将一株植物暂且考虑成一个人，看看这个人生长需要哪些东西。首先需要水，"水生植物同志"终日泡在水里，水自然是不缺的。其次需要氧，这个也简单，空气里、水里到处都有氧。支撑一个庞大的身体只有这些是不够的，碳是很重要的一个元素，表现在食品上就是淀粉，或者再直白一些，就是大米、馒头、面条、土豆，当然肉食和蔬菜里也会含有少量淀粉。我们靠吃这些东西维持生长，而植物没有嘴也没有胃，它们唯一的办法就是自我合成，这就是光合作用的第一产物淀粉，而由植物合成的淀粉为植物堆砌成了自己的身躯，我们吃了它们的身躯，我们也得到了淀粉。光有淀粉是不够的，我们还需要蛋白质。我们靠吃动物和植物摄取蛋白质，植物仍然是自我合成。只不过，植物只能通过光合作用合成氨基酸。氨基酸是形成蛋白质的基础，再吝啬的植物也会尽量为种子提供一些蛋白质。

为了消化这些东西，我们必须有一种动力的摄入，这就是热量，其燃料归结于糖分。我们靠吃含糖分的食品获得热量，比如巧克力、怡口莲、白糖、红糖、麦芽糖等。植物仍

呼吸作用

和动物一样，植物也必须呼吸，呼吸作用和光合作用在气体排放上有所不同。光合作用是吸收二氧化碳，释放氧气，而呼吸作用是吸收氧，排出二氧化碳。所以，植物的呼吸和动物的呼吸在气体交换上没有什么区别。植物的呼吸作用与光合作用同时进行，而夜间只有呼吸作用。

白天，植物光合作用释放出的氧是植物全天释放出二氧化碳量的5～10倍，多余的那部分氧被动物有效利用。呼吸作用是植物生长的必要活动，在呼吸过程中，植物将光合作用产生的多余养分存储到细胞中，这一切主要在夜间进行。所以，没有夜晚的蔬菜生长不大，没有夜晚的苹果不甜，没有夜晚的水草也生长不好。

生长与生殖

有了良好的光合作用和呼吸作用，植物就开始"发奋"地生长。生长实际上是植物体内细胞不断分裂增多的过程。促使植物各部分生长的要素也不相同，特别是肥料的应用。有农学常识的朋友都知道，长叶靠氮肥，拔节靠钾肥，开花靠磷肥。当然，水生植物的肥料需求还有很多玄妙，这个问题在后面肥料介绍部分会说明，此处不再赘述。

生长成熟的植物就要生殖了，生命体来到地球上的最重要目的就是繁衍。除了刚才谈过的种子繁殖外，水草还具备多种繁殖方式，包括分株、走茎、孢子、断片繁殖等，这些方式统称为无性繁殖，而种子繁殖是有性繁殖。

在人工养殖的情况下，除非是要杂交，否则我们很少让水草靠种子繁殖。最容易的方法是将植物剪断，然后将剪下的部分插入种植材料里，几日后生根，新的植株就诞生了。千屈菜、柳叶菜、玄参以及榕草都可以靠这种方式繁殖，所以它们统称为插茎类。莎草、辣椒草等当其叶片数量生长得很多时，就可以从中间劈开，变成两株，这种就是分株繁殖。前面提到了走茎类的繁殖方法，

插茎类水草可以靠剪枝繁殖

主要是水兰类靠此繁殖，但从广义上讲，泽泻和睡莲也属于这种繁殖方式，只不过它们的茎比较特化。蕨类和苔藓可以靠孢子和断片繁殖。孢子相当于低等植物的种子，会随水漂流，然后固定在新的生长点上。通常，我们使用断片来繁殖蕨类和苔藓。这些低等植物，只要随便剪下其一小片组织，比如一片叶子、一小段茎，就可以生长成新的植株。

水草的生殖是栽培水草过程中很常见的事情，植物的繁育远比动物容易很多。所以，我们往往购买少量的水草，只要养护得当，几个月后就能得到很多。这些多出的水草，可以分给朋友们共享，也可以用来交换自己没有的新品种。

① 走茎繁殖
② 分株繁殖
③ 鳞茎或块茎繁殖

第二章 必修课

在栽培水草前，有很多基础知识必须要了解，除了水草的生理知识外，了解种植水草的环境、器材和水化学的基本常识是非常重要的。有些朋友在没有充分了解这些知识前，就着急地购买大量水草栽培，结果都是以失败告终。当我们在水族店里看到那一缸缸美丽的水草时，当我们在互联网或画册上看到那些漂亮的水草造景时，一定不要忽略问一个为什么。为什么这些水草生长得如此之好？其答案就在马上要介绍的几堂必修课里。

第一课 水族箱

在种植水草前，我们必须有一个水族箱，必修课的内容就从选择水族箱开始。有人会说，水族箱有什么可说的，去市场买一个就是了。愿意花钱就买个大些的，空间和财力不允许时买个小些的，难道还有什么讲究吗？

是的，如果你不考虑挑选合适的水族箱，只是根据自己的能力去购买，那么很遗憾，你已经为栽培水草的失败结果埋下了伏笔。市场上的水族箱品种很多，但不是所有的水族箱都适合栽培水草。

异形的水族箱不适合栽培水草。 标准的水族箱是长方体的，而为了出奇，很多生产厂将水族箱制作成了各种形状。有圆柱体、球形、三角形前面带圆弧以及各种另类的形状。这些形状的水族箱其实只是用来装饰家居的，它们外表看上去很花哨，却不实用。我在很多书中都写过，不建议使用异形水族箱养鱼，因为不方便管理和清洗，而且变形的玻璃使人无法看清楚里面生物的真正样子。如果单纯是为了放一些水来装点屋子，这些奇形怪状的容器倒还可以，但用来养鱼和养水草会给人带来巨大的麻烦。要想养好水草，最先要考虑的就是购买长方体的标准水族箱。

过大和过小的水族箱都不适合栽培水草。 水族箱的大小是没有严格限定的，目前市场上从长度20厘米、容积10升左右，到长度4～5米、容积3000～4000升的水族箱都有出售。如果你愿意花更多的钱定制，它的尺寸还可以更大，大到如同一座房子、一个游泳池。太大的水族箱是不适合栽培水草的，水族箱体积增大后，其管理难度也会增加，而对各种配件器材的要求也很高。比如容积超过1000升的水族箱，其所需要的循环水泵至少要达到120瓦的功率。照明设备的总功耗要在千瓦以上，再算上加热、制冷、营养添加的成本，维持这一缸水保持良好状态的成本可能就要每月数千元。大型水族箱的清理也十分麻烦，擦拭一次水族箱内壁生长的藻类，就要费掉一两个小时，如果换水就更麻烦了。拥有大型水族箱的场所一般是酒店、宾馆、商场和公众水族馆。这些场所养鱼和水草是为了展览给公众看的，因此可以支付巨大的维护成本，他们雇佣专门的维护人员，每月支付几千元的工资，专门负责这些大水族箱的维护。当然，富庶之家也会在自己的豪宅里安装这种大水族箱，并雇佣专门的人来做维护。但我相信，这类人是不会看我这本书的，因为我也为他们维护过，了

上图：全封闭型水族箱

中图：半封闭型水族箱

下图：开放型水族箱

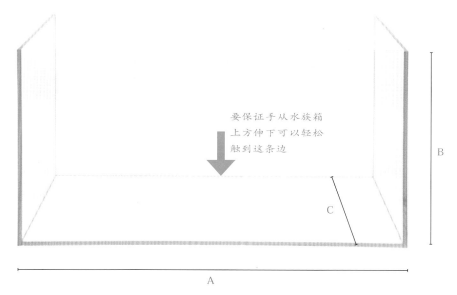

要保证手从水族箱上方伸下可以轻松触到这条边

A（厘米）×B（厘米）×C（厘米）÷1000= 水族箱容积（升）

解富豪们的生活方式。真正托着这本书看的朋友，应当现在还没有自己的别墅。所以，别考虑大水族箱了，那个太奢侈。

相对于过大的水族箱来说，过小的水族箱也不适合栽培水草，特别是不适合初学者栽培。随着城市房价的不断攀升，个人居住环境越来越紧张。这些年来，喜欢养鱼的人似乎购买一个1米长的水族箱都要考虑一下家中是否有空间。小水族箱开始流行，很多商户推出了迷你水草造景缸，只有20～30厘米长度，容积10～30升。这种小水族箱看上去十分别致，但栽培操作起来不比大型的水族箱省心，它们只节省了你的家居空间。

我们做个试验就可以证明小水族箱的弊病。找一大一小两个容器，大的里面放50升水，小的放10升水，将让它们的水温都调整到20℃，然后放在温度10℃的环境下，会发现小容器中的水要比大容器中的水冷却得快，再将它们放在高温的环境中，会发现小容器中的水升温速度也比大容器快。放在那里静置一天，第二天会发现，它们的蒸发量一样。假设两个容器都蒸发了0.1升水，那么大容器的蒸发比例是：0.1/50，也就是1/500；而小容器的蒸发比例是0.1/10，也就是1/100。要知道，蒸发作用带走的只是水分，而水中的各种矿物质、养分和造成硬度的钙镁离子并没有被蒸发出去，这个时候小容器的蒸发比例大，相对地，水质的变化也就大。所以，不论是温度还是水质，小水族箱的波动都很剧烈。鱼类和水草都需要相对稳定的水温、水质环境。为了维持一个10升水的小水族箱内

各项指标的稳定，你必须更精心地照顾它，每半天就要补一次水，经常观察温度的变化，并采取措施，还要两三天就换一些水来补充水中消耗殆尽的某些元素。更麻烦的是，因为小，所以它放不下很多器材，连一个50瓦的加热棒放进去都显得十分拥挤，再加上一个水泵、一盏灯，还可能有别的，那个小水族箱看上去就好像一个杂物箱，完全失去了美感。

水族店为了让人感觉小水族箱的景致，通常在展示时去掉大部分电器设备，然后在闭店后将设备放进去栽培好水草。实际上，你看到的只是小水族箱的一部分，当你真正开始栽培时，要么放弃美丽，要么选择失败。

对于大多数人来说，多大尺寸的水族箱比较合适呢？

长度在60～120厘米、容积在100～400升的水族箱是最适合家庭使用的，即使在小型公共场所（比如：牙医诊所、商务酒店、写字楼等）展示也够用了。这个体积的水族箱既方便操作管理，又能尽可能地保持稳定，安装上各种设备后也不会感到拥挤。

过高的水族箱不适合栽培水草。为了节省空间，又能尽可能地增加展示面积，很多水族箱向高发展。比如高度80厘米、100厘米，亚克力材料的水族箱还可以更高。这些高水族箱饲养一些粗生易养的鱼类还算合适，栽培水草就勉为其难了。

首先，水草的生长需要充足的光照环境，光射入水中的多少和水的深度成反比例关系。水越深，射入的光就越少。高度大的水族

箱水深也大，需要的光照强度和光源的穿透性都很大。比如普通荧光灯的有效光线只能射入水深 50 厘米以内，而真正具有强度的部分在 30 厘米深以内。金属卤化物灯可以穿透 80 厘米的水深，但再深的水下，光照强度会大大降低。当水族箱高度增加时，你必须增加照明设备的功率，而照明设备功率的增大会带来更多的散热量，提高水温，加剧水温的变化，以后还会产生一系列的连锁麻烦。所以，为了减少麻烦，最好不要使用过高的水族箱。

其二，栽种水草后，要经常修剪，由于光照和水中肥料的作用，水族箱内壁还会生长很多藻类，需要手动擦除。高度过大的水族箱给这些操作带来了麻烦。高度超过 70 厘米以后，人的手从水族箱上部伸下去，不能摸到水族箱底部，这时如果清理底部的藻类，移栽水草，修剪下层水草都十分困难。而这些困难，最后会让你放弃栽培水草。

所以，一般栽培水草的水族箱高度不要太高，控制在 60 厘米以下最好。实践证明，高度 45 厘米的水族箱是最方便操作管理的。

过宽的水族箱不适合栽培水草。为了造景的方便，人们尽量增加水族箱的宽度来加大造景的深度和层次感。但水族箱宽度如果不控制在合理的范围内，也会为后期的操作带来巨大的麻烦。当手从水族箱上部伸入后，不能够到水族箱后角，那就说明水族箱的宽度太大了。当你种植水草后，就很难对后部的水草进行管理，如果鱼死在了后部，也无法发现或取出，这就为养好水草埋下了隐患。

盖子和底柜设计得过复杂的水族箱不适合栽培水草。很多水族箱生产商为了美观，将水族箱的盖子和底柜设计得十分复杂。这样的设计看上去也许不错，却不实用。

栽培水草的水族箱至少需要配置两个设备，灯和过滤器，在炎热的夏季还可能要配置风扇或冷水机，冬季还需要加热棒。在选择购买水族箱时，必须要把放置这些设备的空间事先预留出来。最简单的水族箱盖子和底柜为放置设备留下的空间最多，所以最实用。

很多商品水族箱预先安装了灯和过滤器，但这些灯和过滤器并不是为栽培水草设计的。除非是专门设计来栽培水草的水族箱，否则大多数水族箱预制的灯只是用来欣赏鱼，过滤器也是为鱼类设计的。

通常预制了灯具的水族箱，其功率都偏小，在其间简单种植一些容易栽培的弱光草还算可以，种植喜欢强光的水草或进行水草造景都是不成的。比如：标准配置的 1 米长水族箱通常原配有两支 30 瓦荧光照明灯，可以栽培辣椒草、水兰、榕草和简单的皇冠草，而数量庞大的插茎类水草和植株矮小的前景草是不适合种植的。要想

栽种这些水草，就必须对照明设备进行升级，增加灯管的数量。这时，设计复杂的水族箱盖子让你无从下手。当然，目前更多栽培水草的水族箱采取开放式的超白缸，这种水族箱没有盖子，栽培者可以任意在上面安置自己需要的照明设备。

为什么整套的商品水族箱不配置高照明度的设备呢？很简单，那是为了照顾不养水草只养鱼的用户。并不是所有人购买水族箱都是用来种植水草的，其实大多数人只饲养观赏鱼。对于只养鱼的水族箱来说，光照过强，会大量滋生藻类，给清理水族箱带来麻烦。

同时，成套的商品水族箱因为主要是为了养鱼设计，所以几乎预制的是上部过滤器。这种过滤器在养鱼方面很方便，因为过滤棉清洗方便，外形简单直观，还能起到向水中增氧的作用。但用来栽培水草不太合适。这种过滤器使水和空气过多的接触，带走了水中大量的二氧化碳，影响了水草的光合作用。最适合栽培水草的过滤器是圆桶过滤器，但要想安装这种过滤器，就必须先考虑水族箱盖子后部有没有预留进出水管的开口，以及底柜有没有放置过滤桶的空间。复杂的底柜设计成很多隔断和花饰，过滤桶的位置却不知道在哪儿。

什么样的水族箱最适合栽培水草呢？简单而没有太多花饰、操作方便、连同柜子的高度不超过 140 厘米、大小适中、预留了各种设备的安装空间。当然，现在很多人喜欢用超白玻璃。其实，是不是超白玻璃不重要，重要的是它一定要坚固耐用。

第二课 种植材料

当水族箱运输到家后，我们就迫不及待地想开始水草种植活动，等一等，还有很重要的东西要了解，那就是种植材料，毕竟大多数水草不是泡在水里就能活的。

水草的种植材料也称底床、底沙等，分为沙子、陶粒和泥丸三种。

沙子

1990 年以前，在水族箱中种植水草的材料只有沙子，分为粗沙和细沙，有的时候我们也把粗沙称为沙砾或砾石。到目前为止，沙子仍然是水族箱底床的重要产品，一些不种植水草的朋友，也会在水族箱底部铺设沙子，使水族箱看上去更美观、自然。

用来种植水草的沙子很多，到目前为止已经出现了十几个品种，其中最常用的有矽砂、石英砂、黑金砂、黑工砂、深色沙砾（亚马逊砂）、天然河沙（化妆砂）、麦饭石以及各种人工打碎的岩石颗粒。这些沙子都具备一个共同的特征，那就是其主要成分为硅，含可溶性钙镁元素非常少。这样的沙子不会向水中释放过多的钙质，不影响水的硬度变化。况且，大多数水草不能扎根于pH值过高的基质上，所以用来种植水草的沙子必须不溶解于水，pH值呈中性或弱酸性。衡量沙子内是否含有可溶性钙质并且是否 pH 值呈碱性的简单办法是，用酸性物质（比如盐酸、醋酸）滴到沙子上，如果沙子冒泡则说明其呈碱性，含有大量钙质，不适合种植水草。比如珊瑚砂、潮湖砂、碳酸钙石材颗粒就属于高钙含量的沙子。

矽砂最早被称为荷兰矽砂、荷兰砂，并不是因为这种沙子只产于荷兰，而是荷兰和北欧地区的水草爱好者最早使用了这种沙子来种植水草。矽砂的主要成分是二氧化硅，广泛分布在世界各地的溪流滩涂中，是一种天然的中性矿石。在工业上是制作玻璃的原材料。矽砂由褐色、黄色、乳白色、黑色的颗粒组成，一般颗粒直径在0.1～0.5厘米。使用起来比较美观的规格是 0.1～0.2 毫米的颗粒。由于不会向水中释放任何物质，所以矽砂是种植水草的首选。加上颜色自然朴实，备受水草爱好者的青睐。在矽砂被使用的100多年里，一直是水草种植沙的主流品种。

石英砂在水草种植领域里特指浅色的石英砂，因为广义地说，矽砂和黑金砂也属于石英砂的范畴。石英砂的主要成分也是二氧化硅，但是颜色比较浅，主要是白色和米黄色，是制作玻璃的重要原料。

①矽砂 ②天然河沙 ③红色石英砂 ④细碎砾石
⑤黑工砂 ⑥黑金砂

① ② ③ ④ ⑤ ⑥

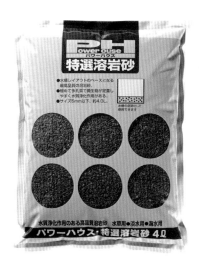

各种水草砂

石英砂被使用到种植水草领域更早，其原因和矽砂一样，依赖其高度的稳定性。不过，石英砂因为颜色太浅，在种植水草时会显得底床过于明亮，喧宾夺主地影响水草种植的整体美，所以现在并不被广泛使用了。当前，为了满足不同水草爱好者的需求，各种颜色的石英砂被单独筛选出来，再按照一定的比例混合到一起，调配出沉重和柔和的色调，这就是所谓的人工合成矽砂。

现在常见的黑金砂是制造黑玻璃的原料粉末，主要成分也是二氧化硅。原始的黑金砂现在市场上已经见不到了，它是天然的黑色石英颗粒，这种矿藏很少，工业需求也很大，所以流入水族市场的数量越来越少了。因为是玻璃碎屑，所以黑金砂纯度很高，这使其颗粒表面非常光泽，光线照射下会反光。种植水草时有些喧宾夺主，

所以并不美观。加上黑金砂棱角鲜明，如果抓起一把在手中用力攥，还会有轻微扎手的感觉。使用黑金砂对那些脆弱的鱼来说并不安全。人们使用黑金砂，只是为了追求深色的底床。当黑陶粒、黑工砂和黑泥丸被使用后，黑金砂已经不被重视。

黑工砂的全名解释下来就是"黑色的工地沙子"，明白了吧，这种沙子最早是一些爱好者从盖楼的工地捡回来的，后来发现很好用，就被广泛使用了。说白了，黑工砂就是人工打磨得大小和光滑度几乎一样的黑色小卵石。这种材料最早用于建筑外墙和户外地面的装饰，直到水族爱好者发现了它。黑工砂颗粒很大，最小直径也有0.5厘米，只适合使用在大型水族箱中。黑工砂的主要成分由二氧化硅和碳酸钙组成，所以会向水中释放少量的钙质，

只能用来种植对水质要求不高的水草，比如辣椒草、皇冠草和喜欢水中有一定硬度的榕草。这种沙子是纯黑色无光泽的，不会影响对水草的欣赏，也不干扰你欣赏鱼类，适合作为中大型鱼类饲养时的底沙。

深色沙砾是由多种沙砾组成的一种沙子，其成分复杂，一般呈现出黑色、灰色、棕色等，直径在 0.2～0.5 厘米。铺设在水族箱中非常类似自然界的河底，受到水族爱好者广泛喜欢。因为其颜色近似于黑褐色的亚马逊泥，所以也称为"亚马逊砂"。这种沙砾也会向水中释放少量的钙质，适合与其他种植材料搭配来制造河床的景致；单独使用时，水草生长效果不佳。

天然河沙指采集于自然河流、溪流边的沙砾，经过筛选留下规格在直径 0.1～0.3 厘米的颗粒，这些就是水草种植上使用的河沙。河沙的颜色呈现黄褐色，无光泽。其矿物成分复杂，主要成分也是二氧化硅，所以对水质影响不大。当前，人们更多地将河沙和泥丸共同使用，在铺设泥丸的上层和周边装饰河沙，河沙上并不种植水草。这样，水草就在铺设了泥丸的区域生长，铺沙的区域则刻意留白，制造出河床、溪流的景观。因此，在 2010 年前后，日本人率先将各种颜色的河沙另名为"装饰沙"，从此河沙在水草种植材料里身价倍增，而且受到重视。现在，人力成本日益增加，河沙采集和筛选非常费人工，所以专用河沙的价格越来越高。

麦饭石是一种无毒、无害的多矿物质岩石。其颗粒粗糙，呈现灰白或深灰色，略带黑色斑点，没有光泽。麦饭石的主要成分是硅铝酸盐，其中二氧化硅、三氧化二铝和三氧化二铁的含量很高，还包含了约 58 种元素。麦饭石能够起到稳定水质的作用，当水中某种元素含量过高的时候，它会吸附这些元素。当水中某种元素含量过低的时候，它则会释放。麦饭石最早作为水族过滤材料和水质稳定材料使用在过滤器里，当然也有很多人用其种植水草。麦饭石不释放钙、镁离子，不影响水的硬度和酸碱度，且有稳定水质的作用，是一种非常好的底床材料。可惜，由于其颗粒过大，颜色过浅，用来种植水草时并不美观。当下使用的人已经很少了。顺便提一句，麦饭石在医疗保健和化工方面被广泛使用，所以很容易买到。

陶粒

陶粒是用陶土烧制的小型颗粒，呈球形略有不规则。这种材料早期可能是工业和建筑业上使用的原料，后来园林业用大颗粒的陶粒覆盖在大树下裸露的土层上防止扬尘，花卉养殖和蔬菜种植方面用其作为无土栽培的基质。到 1995 年以后，有人开动脑筋增加了陶粒的相对密度，使其能沉入水底，从而开发出了种植水草使用的陶粒。

现在市场上的陶粒有两种颜色，黑色和棕色，一种模仿黑色腐殖质河底颜色，另一种模仿棕色土壤河底颜色。因为是人工制造的，规格很统一，大号的是直径 0.5 厘米，小号的是 0.25 厘米。这种栽培材质性质十分稳定，不会向水中释放任何物质，但由于形状一致，颜色单一，看上去很不自然。除一些对水草种植的美感要求不高的爱好者在使用，其他人很少使用。由于质地坚硬，且透气性好，很多人将其铺设在水族箱底层，然后上面铺设沙子或泥丸，帮助底层水流通畅，防止种植材料板结和因为缺氧而产生有毒的硫化氢。另外，陶粒可以作为过滤材料放置在过滤器里。

不论是沙子还是陶粒，其本身不含任何植物所需要的营养，所以在使用的时候都要掺入肥料。当首批掺入的肥料使用枯竭后，就要将水草拔出，取出沙子和陶粒重新清洗后，混入新的肥料再次栽种，这就是所谓的"翻缸"。这是比较麻烦的工作。

陶粒

泥丸

　　泥丸是一种由泥炭土混合黏土烧制成半陶化的种植材料，最早出现在日本的花卉养殖业上，很可能由花卉育苗块的生产工艺发展而来。日本人的民族特性有很大一部分是细腻，因为岛国的资源贫乏，所以每一种资源都会被细分，分别充分利用。就养花来说，我们只知道找些土，放在花盆里，种植上就可以了。当然，种什么花用什么土这是有讲究的。日本人很早就研究了人工合成花卉土，这为水草泥丸的诞生奠定了基础。泥炭土就是稻田、河渠边充满腐殖质的土，含有丰富的营养，是种植大多数花卉的理想土壤。其缺点是容易板结，透气性不好，于是常用的处理是将泥炭土与河沙、炉灰渣、蛭石等混合使用，以提高透气性。这种办法在现在花卉种植中很常用，但是并不方便。如果有一种材料结合了泥炭土的营养和沙子的透气性就好了。这可能就是早期泥丸的雏形，一种用来种植花卉的合成土。

①

　　之后，这种土被使用到睡莲、碗莲（一种人工培育用来观赏的小型荷花，可以种植在大碗里，最早出现在日本）的栽培上，很受欢迎。原始的样子很像我们现在为种植兰花采集于四川高山地区的"仙土"。之后，这种土的制作技术得到革新，20世纪末，出现了第一批用来种植水草的泥丸。

　　关于泥丸的最早发源地到底是什么地方，现在还有争议。有人说是日本；但20世纪80年代德国的喜瑞公司就开发出了名为"草泥丸"的产品。这种产品不是用来种植水草的，而是加在过滤器里，用以降低水族箱内水的pH值。草泥丸制作原理和现在的水草泥丸很相似，但它可能不是烧制的而是高温烘焙的。因为是过滤材料，所以其内部并未掺杂黏土。其样式更接近于花卉种植时使用的泥炭块。但之后，喜瑞公司并没有出现草泥丸的更新产品，也就是这个时代，日本诞生了种植水草的泥丸。

②

　　有人认为水草泥丸是日本ADA公司的天野·尚（这个人在之后的水草造景部分还会提到）发明的，但早在ADA公司创立之前，日本市场上已经有了这种产品。具体水草泥丸是谁发明的，发明的具体时间是何时，已经很难查询到。因为不论德国企业还是日本企业，草泥的生产工艺都属于保密的技术，而且谁都愿意标榜自己是行业的创始人。

　　不过，最早在市场上（包括亚洲、欧洲、美洲和大洋洲的市场）流通的水草泥丸的确全部来自日本。在2005年以前，水草泥丸产品主要来自日本三个公司——ADA、尼索和一番土。其中尼索的产品最贵，ADA的最便宜所以销售网店也最多。要知道，当时的水草泥丸绝对是奢侈品，最便宜的ADA牌的价格也要150元1袋（8千克），这是当时很多工薪阶层难以接受的。很快，水草泥丸的利润吸引了人们的注意，因为后来轰动整个行业的ADA公司就是靠它起家的。到了2008年，日本至少有十几家公司在制作水草泥丸，水草泥丸的技术也逐渐更新，其烧制工艺得到了改进，原料也有所改变。我没有机会得到配方，但从实验室化验来看，除去泥炭土、黏土外，可能还有火山岩石等成分。

　　草泥丸会将水染成淡黄色的问题也在这个时期得到解决，因为泥炭呈酸性，会向水中释放大量的单宁酸，在降低pH的同时使水呈现黄色。解决这个问题是很重要的，因为早期使用泥丸的水族箱看上去并不美观。到了2009年，大多数水草泥丸不再"黄水"，产业技术已经非常成熟。2008年后，德国喜瑞、黑钻，加拿大希谨等企业也开始生产水草种植泥丸，而且质量越来越好。到2010年底，中国大陆和台湾地区也有企业开始生产

③

①黑色水草泥丸　②棕色水草泥丸
③前景水草只有在泥丸上才能充分地匍匐生长

各种品牌的水草泥丸

国产草泥丸，现在技术也趋于成熟。不论是国产、日产还是欧美产的泥丸，因为制作工艺复杂，其价格都不会在每千克 10 元以下，仍是水草种植材料里的高端货。

说了这么多泥丸的历史，那么泥丸对种植水草来说究竟有什么好？这些好处可不简单，可以说，泥丸的诞生是水草栽培活动上的一次革命性转变。

① 将种植材料和营养合二为一，省略了添加肥料的麻烦；

② 将水质软化材料和底床合二为一，省略了调制水质的麻烦；

③ 将细菌培养床和底床合二为一，减少了过滤系统的压力；

④ 由于泥丸是不规则的土粒状，疏松无光泽，使用后，我们终于得到了最接近自然界淤泥河底状态的底床材料。

所以，当如此方便美观的种植材料诞生后，很多以前养不好水草的人开始能栽培很多品种的水草。一些从来不能在水族箱中养活的水草出现在了大众的视野中，比如簧藻、太阳草、谷精草等。

更重要的是，无论如何用泥丸种植出的水草，在状态上都比沙子种出的略胜一筹。越来越多的人开始喜欢种植水草这个活动，就连现今水草造景的火爆程度，也与泥丸的发明有重要的关联。

泥丸在使用时不用淘洗、消毒，也不用在其中另行添加肥料。但它也有缺点，例如，由于呈酸性，有些喜欢偏碱性的水草不太适应这种种植材料。还有，泥丸是一次性的产品，不像沙子可以反复淘洗使用，从一个水族箱搬到另外一个水族箱中。泥丸一旦遇水就会蓬松，如果搅动或搬运就会释放出粉末，使水长时间浑浊发黄。泥丸的营养成分是事先预制进去的，不能灵活控制，一旦使用泥丸，就要尽可能在铺设泥丸的区域全部种满水草，如果有裸露区域，水族箱中会因营养过剩而藻类暴发。

泥丸使用不当，很容易在重力的挤压下粉碎板结，特别是在泥丸上放置岩石、沉木等造景材料后，下层的泥丸就会板结成土块。板结成块的泥丸不能提供水草生长的疏松底床环境。解决的办法是在泥丸底层铺设沙砾或陶粒，缓冲上层的压力，加大底层水的流通。现在也可以使用一些公司开发出的防板结药粉产品。

底床铺设的厚度

不论是使用沙子还是泥丸作为种植材料，底床的铺设厚度都是不变的。一般建议铺设 10 厘米左右厚的底床，前面略薄，后面略厚。这种厚度能够适合各种中小型和插茎类水草的生长。如果种植皇冠草、网草、睡莲等大型水草，因为其根系需要很厚的伸展环境，有些品种还有硕大的块茎、球根，底床厚度就要提升到 15 厘米。一些块茎特大的水草，比如荷根类，甚至需要 25 厘米厚的底床。

第三课　过滤器与氮循环

第三课的内容是非常关键的，其关键程度高于第二课，因为这节课的内容不但栽培水草要用，就是单纯养鱼、养虾也离不开。

过滤器原理

过滤器是什么？很多人认为它就是将鱼的粪便过滤掉的工具，那就大错特错了。我在很多书籍、杂志文章以及在公开讲座中都把过滤器的原理作为重中之重的环节反复强调。但时至今日，还是有很多读者、爱好者打来电话问我，"我的水族箱中鱼屎清理得干干净净，为什么鱼还是老死？"所以，请深入了解一下水族箱过滤的目的和原理，不是肉眼看不到的东西就不用记忆，不用在意。

我深刻地知道，为什么那么多人不相信有硝化细菌以及硝化细菌所产生的作用，那是因为他们始终不知道硝化细菌在哪里，而我们又不能为每一个水族爱好者配备上显微镜。即使配备了，他也许仍然不知道自己看到的是什么东西。

谈到过滤器之前，先要说水族箱中的氮循环。

问题从鱼的排泄物开始。一条鱼吃饱了就会排便，还会吐出很多没有吃下的残渣，它的体表也时常地脱落一些黏液。这些都是水族箱中的废物，但它们并无害。鱼和它们的粪便生活在一起没有什么关系。有些鱼饿极了还会吃自己的粪便，再消化一次（比如金鱼）。但这些粪便和其他废物很快会被霉菌或腐生细菌分解，这也就是腐烂的过程。腐烂后的粪便会产生很多东西，其中包括大部分碳残渣，就好像我们燃烧牛粪剩下的大部分灰烬，这些也是无害的，它们终究变成了土的组成部分。

粪便分解过程中释放的其他东西就不那么安全了，首先分解后会有氨和铵产生，这里我们先把铵忽略掉，它是氨的正离子形式，说多了怕乱。主要说氨，氨的英文名为 Ammonia，化学分子式是 NH_3，它是氮（N）的化合物，氮是蛋白质的重要组成元素，广泛存在于动物植物的身体和动物的粪便里。当粪便、死去的动物被细菌分解时，蛋白质中的氮没有被自由释放，而是变成氨。氨是有气味的，味道很像尿素或者烫头时药水的味道。这种带有刺激性气味的东西是有毒的，当水中的氨浓度超过 0.3 毫克／升的时候，鱼就会中毒死亡。氨没有颜色，而且在浓度不高的时候很难闻到，

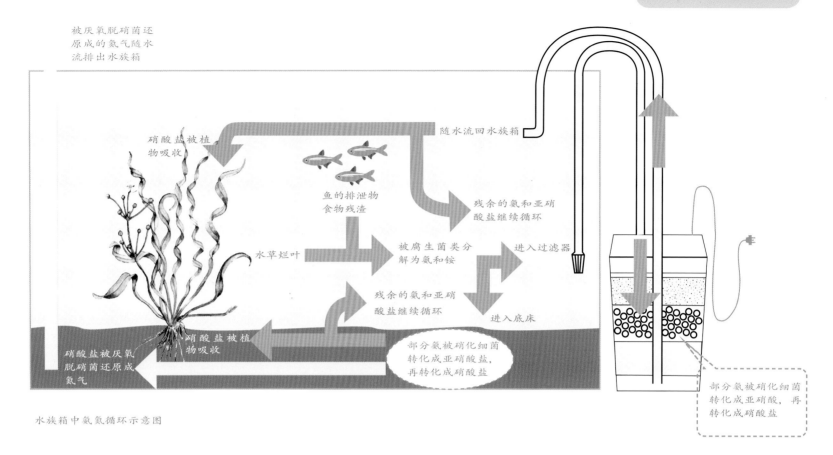

被厌氧脱硝菌还原成的氮气随水流排出水族箱

硝酸盐被植物吸收

随水流回水族箱

鱼的排泄物食物残渣

残余的氨和亚硝酸盐继续循环

进入过滤器

水草烂叶

被腐生菌类分解为氨和铵

残余的氨和亚硝酸盐继续循环

进入底床

硝酸盐被植物吸收

硝酸盐被厌氧脱硝菌还原成氮气

部分氨被硝化细菌转化成亚硝酸盐，再转化成硝酸盐

部分氨被硝化细菌转化成亚硝酸，再转化成硝酸盐

水族箱中氨氮循环示意图

所以在死鱼之前，我们很难意识到氨的存在。

事实上，水族箱中每天都在产生氨，因为鱼无时无刻不在排泄，水草无时无刻不在生新替旧，还有藻类每天都会大量死亡再大量生长。如果不加以处理的话，除非天天大量换水，否则氨就会不断增加直到毒死所有的鱼。

有一种小生物可以把氨转化掉，护卫水族箱中鱼类的安全，那就是硝化细菌。硝化细菌是一类杆菌，有很多品种组成，正确地说应当是硝化菌群。硝化细菌可以将氨转化成亚硝酸盐（NO_2^-），再将亚硝酸盐转化成硝酸盐（NO_3^-）。很多人就是从这里开始不相信科学了，因为这些名词实在难以理解，而且转化的过程看不到，也摸不着。能有耐心听下去的人都很少，相信的人就更少了。有些人认为我使用了一种从不告人的神奇小药水，能保证鱼的健康和水的清洁。请相信我，我没有那种"小药水"，靠的就是硝化细菌对氨的转化。转化过程是个复杂的生物化学过程。实际上是硝化菌群里的两个小队完成了这个任务，一个小队叫亚硝化菌，它们把氨转化成亚硝酸盐，另一个小队叫硝化菌，它们把亚硝酸盐转化成硝酸盐。这是它们的生物本能，就好像我们能把其

他动物的脂肪转化储存到我们体内一样。如果你相信我们天天吃肥肉就很容易变胖的话，那就必须相信硝化细菌转化氨的过程。

亚硝酸盐也是有毒的，但比氨的毒性小了很多，只有在 pH 高于 7.0、浓度高于 0.3 毫克／升才会致鱼死命。不过，一般的水草水族箱中 pH 都小于 7.0，所以亚硝酸盐的存在是能被容忍的。硝酸盐是无毒的，而且可以被水草作为肥料吸收利用，应当说水族箱中的硝酸盐就是水草需要的氮肥。亚硝酸盐是中间形式，它们很快就会被转化成硝酸盐。这里要说明，此处说的盐和我们炒菜用的盐无关，也不是咸的。盐在化学上的意思是指金属离子或铵根离子与酸根离子或非金属离子结合的化合物，这是广义的盐。食盐只是盐的一种，它的化学名叫氯化钠。氯化钠和硝酸盐都是盐这个大家族的成员。

好了，这下清楚了，我们实际上给水族箱安装过滤器的最重要目的就是解决从有毒的氨到无毒的硝酸盐之间的转化问题。过滤器怎样解决这个问题呢？它本身解决不了，要解决这个问题靠的是硝化细菌。但消化细菌需要有个家才能生活繁育，只有它们的数量足够庞大时，水中的氨才能迅速而彻底地被不断转化成硝酸盐。过滤器实际上就是给硝化细菌准备个家。

过滤器有很多种，针对本书，介绍过滤器是比较简单的。只

需要介绍一种，那就是圆桶过滤器。因为到目前为止，栽培水草最可靠的过滤器还是圆桶过滤器。虽然当你了解了水流、氧和二氧化碳之间的关系后，也能灵活运用其他形式的过滤器来栽培水草，但那不是本书的介绍范围。我们朴实一点儿，从圆桶过滤器开始说。

在圆桶过滤器中放置有很多过滤材料，其中最常用的有过滤棉、生化棉、陶瓷环。过滤棉的作用是阻隔大颗粒的杂物，防止它们阻塞后面的过滤材料。有些圆桶过滤器安装有前置过滤装置，将大颗粒的杂物阻挡在过滤桶以外，这是个好办法，方便清洗。生化棉和陶瓷环都是多孔隙的物质，它们就是硝化细菌的家。

硝化细菌并不能在水中漂浮生活，它们需要附着在固体物质上。硝化细菌不喜光，所以多数躲藏在阴暗的角落里。它们很小，而陶瓷环上细密的难以看出的孔隙就是这些小生物最好的家，生化棉的大孔隙则属于大型生活广场。一个孔隙里生活着数以万计的硝化细菌，当水流过过滤材料的时候，它们就不停地转化水中的氨和亚硝酸盐。实际上，硝化细菌生存在水族箱内所有能固着的地方，包括底沙里、箱壁上和过滤材料上，连水草叶片上也有。但过滤材料上最多，这是硝化细菌的另一个特性决定的——喜氧。

硝化细菌转化氨的过程称为硝化作用，硝化作用必须有氧的加入才能完成。其公式是这样的：

$$2NH_3 + 3O_2 \rightarrow 2NO_2^- + 2H_2O + 2H^+ + 能量\ 硝酸菌$$
$$2NO_2^- + O_2 \rightarrow 2NO_3^- + 能量$$

公式不明白没有关系，请注意其中 O 代表氧，O_2 就是 1 个氧分子。在第一个环节里就需要 3 个氧分子与 2 个氨来结合，所以氧十分重要。水中的氧是水与空气结合处由空气溶解到水中，随着水的流动，溶氧水被带到每一个角落。流动速度越快的地方，溶氧就越多；反之越少。这就是为什么生活在湍急溪流中的虹鳟鱼被放养到静水池塘内养不活的原理，它们缺氧了。水族箱的底沙中和其他位置的水流速度都没有过滤器里快，而且随着沙层的加厚水流会越来越小，而过滤器里的水流是用水泵强制带进去的，水泵的流量越大，其流速也越快。就是最普通的圆桶过滤器，过滤桶中的水流速度也是水族箱中的 10 倍以上。

流入过滤桶中的水充满了氧，这为硝化细菌的工作提供了重要条件。放在最上层的过滤棉阻隔大颗粒进入下面的隔层，陶瓷环、生化棉上的孔隙不被阻塞，水流畅通。硝化细菌"拼命"繁育和工作，水中的氨就彻底消失了，鱼也就健康了。

当过滤桶使用一段时间后，上层的过滤棉会阻塞，桶内水流速度减慢，就会影响硝化细菌的工作，此时要清洗过滤棉，保证水流的畅通。但陶瓷环和生化棉一般不用清洗，即使上面附着了很多杂物。清洗时，要用水族箱内的水缓慢清洗。因为硝化细菌也怕环境突变，特别是自来水中的氯会杀死硝化细菌。当大批的硝化细菌死亡后，水中的氨无法得到有效控制，又会毒害鱼类。

以上的整个过程是养鱼的过滤循环原理，但对于栽培水草来说，当氨被转化成硝酸盐后，故事并没有完结。

水草对营养盐的吸收

当氨被转化成硝酸盐后，水草便开始吸收它们。但水草不仅仅吸收硝酸盐，我们都知道植物生长需要的三种主要肥料是氮、磷、钾。硝酸盐只能充当其中的氮肥，磷肥要从磷酸盐那里获得，钾肥来自含钾的化合物。

回到前面谈到的鱼排泄出的粪便，里面除去被细菌们分解出的碳、氨之外，还有很多元素，有一些直接沉入沙层中，成为底土的一部分，比如铁、钾、钙、镁等。其中还有磷和硫也被释放出来，磷释放出来后成为了磷酸盐被植物吸收，硫的大部分成为气体排放到了水面以上，少部分也被植物利用了。当然，在水流不良的情况下，硫会被转化成有毒的物质，这一点下面再说。这里先说水草对这些营养物质的吸收。

硝酸盐、磷酸盐统称为水族箱中的营养盐，在水草水族箱中没有不行，多了也不成。如果单纯地养鱼，营养盐是纯粹的废物，要通过换水将它们带走，否则就会使水族箱中藻类大肆生长。在水草水族箱中，水草的多少和茂盛程度决定了水族箱中营养盐的多少，也决定了要不要换水，多长时间换一次水以及每次换多少水。实际上，整个水草水族箱的过滤系统加上水草的吸收作用才算完整，水草本身也是过滤系统的一部分。

当水草少而脆弱的时候，比如水族箱的开缸阶段（新建成），营养盐每天都在增加，但水草吸收不了这么多，如果不换水，造成的问题就是藻类生长，鱼类容易患病。当水草生长得满缸都是、郁郁葱葱的时候，换水已经不重要了。有的时候，因为废物少，营养盐不足，还要向水中添加含氮的肥料。

掌握好营养盐含量和水草生长程度的重要比例，就可以将整个

在建立了新的水族箱后，要向水中添加硝化
细菌孢子或硝化细菌培养基，否则水质会很
长时间得不到稳定

功率足够的过滤器可以给水族箱带来强劲的水流

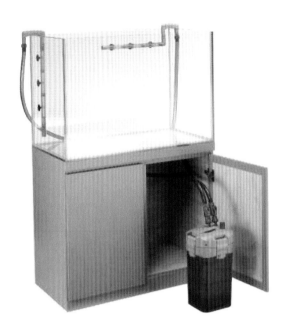

圆桶过滤器的安装方法

水族箱的水质环境调整得非常好。关于营养调控的细节问题，我们在肥料和催化剂部分说明。在过滤系统中还有一个重要的环节，那就是水族箱中的水流，这里先进行介绍。

水流的重要性

水流是每个水族箱中都需要的，有些水流要强些，比如海水水族箱，有些水流要弱些，比如饲养神仙鱼的水族箱。不论怎样的水族箱，没有水流都是不成的。

水草水族箱中，植物密集生长，互相遮挡，再加上岩石和沉木的阻隔，就形成了很多水流死角。如果水流不够强劲，这些死角就会藏污纳垢，产生有毒物质。那时，即使你的过滤器再强大，也照样要烂草死鱼。

在水流弱的地方，有害细菌会滋生，首先带来的是鱼类细菌性疾病。其次，如果高大水草很多，其下层的茎紧密交错在一起就会滋生真菌，就如同树林深处长蘑菇一样。有些菌类会吸收水草体内的营养，造成水草从根部溃烂死亡。没有水流的地方，鱼类废物里的硫无法与氧结合形成二氧化硫最后离水而出。它们与氢结合形成硫化氢（H_2S），硫化氢有强烈的臭鸡蛋味道，而且剧毒，其毒性不比氨小。很多水草水族箱中，一旦水草生长过于茂盛就会有鱼类死亡，根本的原因就是当水草过密时，水流被阻隔了，一些没有水流的地方产生了硫化氢。解决这些问题的方法是加大水流，但不能盲目加大，因为水流过大不但会冲坏水草，还会使水中的二氧化碳大幅减少，影响水草的光合作用。

我们该怎样选择过滤器呢？必须把以上问题全部考虑进去，才能选择到最合适的。以下对过滤器的选择进行介绍。

圆桶过滤器的选择

首先，为什么要选择圆桶过滤器呢？前面提到了，但没有细说，这里补充一下。所有过滤器的过滤原理基本相同，但它们使水与空气接触的方式不同。水草的生长需要水中的二氧化碳，硝化细菌的工作需要水中的溶解氧，这二者是有些矛盾的。解决这个矛盾最好的办法就是让水进入过滤器前充满了溶解氧，但从过滤器出来的水就不必有太多的溶解氧，最好能携带更多的二氧化碳。也就是说，过滤器内是饲养硝化细菌的，水族箱里是栽培水草的，它们的需求不同，我们就给它们提供不同的水。

上部过滤、侧过滤和大型过滤箱，虽然能为硝化细菌带来充足的溶解氧，但它们让水和空气的接触面太大了。这时，水中的二氧化碳会被大量释放出去，当水从过滤器流回水族箱时，溶解氧还非常丰富，二氧化碳已经全"跑"了。

底床过滤是饲养鱼的一种办法。种植水草时，底床内含有大量的肥料，一旦过滤器开启，它们源源不断地被吸起并释放到水中，这使水中的营养物质过高，藻类滋生，水草也生长不好。

圆桶过滤器是一个封闭的过滤桶，水靠虹吸原理进入过滤桶，再由水泵抽回水族箱中。水进入过滤桶前，由于水面空气的溶解和水草的释放充满了溶解氧；进入过滤桶后，这些氧被硝化细菌利用，硝化作用不会缺氧。因为过滤桶封闭，水在过滤桶内不与空气接触，二氧化碳不会流失，保证了回到水族箱内的水有充足的二氧化碳被水草所用。

圆桶过滤器由机头（水泵）、过滤桶、滤材、进出水导管组成。其各配件作用一目了然，不必过多赘述。机头是过滤器的心脏，功率的大小和品质的好坏决定了过滤器的性能。机头和过滤桶之间由密封件相连，其中的橡胶密封圈的质量很重要。如果密封圈老化，过滤器就会漏水。密封圈的寿命从某种意义上讲也决定了过滤器的使用寿命，因为当密封圈损坏后，很难再买到替换的产品。

衡量一个过滤桶性能的参数包括功率、流量、扬程和容积。前三个指标是针对机头来讲的，容积指的是过滤桶的大小。机头功率越大，流量越大，相对就需更大的容积。功率小的时候，容积就要适当缩小，否则过滤桶内水流速度会减缓，造成桶内缺氧。当前，水族器材厂家生产的圆桶过滤器功率与容积的比例控制都很合理，这一点不需单独考虑。

扬程是过滤器机头（水泵）能将水送多高的指标。扬程不是

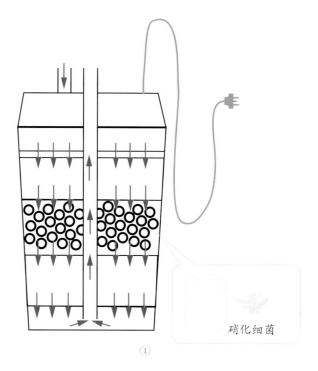

硝化细菌

①

①圆桶过滤器内部的循环情况

②③各种圆桶过滤器

④过滤材料的安放

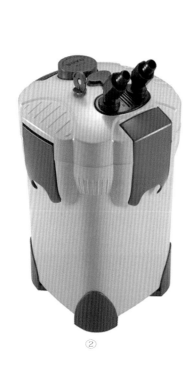

②

③

④

喷程，它是在出水口上连接导管后，通过导管向上输送水的最大高度。水族箱和水族箱底柜的高度越大，需要的扬程就越高。扬程会受到管路的弯转影响而缩减。扬程高度的选择一定要大于水族箱加底柜总高度的1.5倍。比如水族箱加底柜的高度是1.4米，那么应当选择扬程在2米以上的过滤器。当扬程不足时，过滤器的流量会减小，影响过滤效果。

一个水族箱安装多大功率的过滤器合适呢？这一点并没有特别科学的说明。因为过滤器的选择完全根据饲养生物的种类和密度决定。就水草水族箱来说，鱼类饲养密度不大，并且饲养的都是用来配合水草的小型鱼，选择过滤器是有一些经验可借鉴的。

通常建议选择流量是水族箱总容积5～7倍的过滤器。比如：水族箱容积为200升，那么过滤器的流量应当是1000～1500升／小时。这个流量范围的过滤器功率通常为36～48瓦。当然，在流量不变的情况下，功率越小，过滤器越省电，其功效就越高，售价也随之而高。过滤器的功率、流量、扬程指标会在包装和机头上用标签标注，用户选购的时候，可以很清楚地看到。有人会说：前面说了那么多，其实最关键的就是本段，这是选择过滤器的根本标准。如果这样理解就错误了，选择流量是水族箱容积5～7倍的过滤器，只是对最常见的水草水族箱饲养模式的一个总结，并不代表所有饲养条件下这个比例都合适。比如，你饲养的鱼很多，并且有几条排泄量很大的鱼，就必须增大过滤器的功率。当你饲养的鱼很少，而且水草都是一些矮小脆弱的品种时，就要适当减小过滤器的功率。增加和减小的标准，是要靠对前面谈到的过滤器原理的理解来自己揣摩的，这一点无论如何写不成书。如果把所有的案例都列举一遍，则10本书也写不下。

生化棉

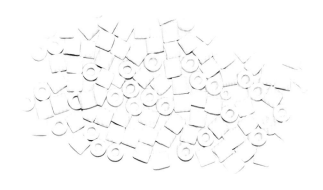

陶瓷环

过滤材料的选择

一些过滤器在出厂前就配置了过滤材料，而有些则需要自己另外购买滤材装进去。在选择滤材的时候，不必过度追求新产品、广告产品。因为，除去过滤棉外，其他滤材的作用都是用来为硝化细菌提供生活平台。陶瓷环和生化棉都是比较适合放在圆桶过滤器里的材料。它们性质稳定，拥有丰富的孔隙，而且很节省空间。有些人喜欢在过滤器里放置一些吸附性过滤材料，比如活性炭、沸石等。甚至有些厂家在过滤器出厂前，特意为用户预了几包。这些吸附性滤材的作用是吸附水中的微小颗粒，沸石还有吸附氨的作用。但就栽培水草的水族箱来说，放置这些滤材是没有意义的，吸附性滤材很快就会满载，然后失去效果。它们还会吸附水

草肥料、矿物质等你不想让它们吸附的物质，所以尽量不要在过滤器中放置活性炭、沸石等滤材。

至于说生物球、细菌棒等滤材，它们的原理和陶瓷环是一样的，你若喜欢它们的外形也可以选择，否则就不用理会。有些特殊的滤材是用在特殊过滤器的，比如过滤毛刷是用在锦鲤池的，珊瑚石是用到海水缸里的。栽培水草用不到，不必介绍。

第四课 光照与光源选择

光照是栽培水草的必要条件，没有光照，水草就不能进行光合作用，也就无法生长。在水族箱中栽种水草，很少能利用自然光照，因为太阳光不能被控制，而且会大幅提高水的温度。我们一般要采用人工光源为水族箱提供光照。下面就必须了解的人工光源参数先进行介绍。

人工光源的参数包括光谱、流明值、色温、显色性、功率、发热系数等。

光谱 （spectrum）

光谱是复色光经过色散系统（如棱镜、光栅）分光后，被色散开的单色光按波长（或频率）大小而依次排列的图案，全称为光学频谱。简单地说，就是人眼可见的七色光——红、橙、黄、绿、青、蓝、紫，以及不可见的红外线、紫外线和X光等经过分离显示出的数据。在光谱中，光波交变电磁场在空间重现相应点间的距离称为光波长，这句话很难理解，我不知道当年的物理学家是怎么想出这么复杂的语言的，也不太好解释。用图片说比较清楚，看右图各色光占用数轴上的距离，就是它们的波长范围。

光谱的概念由太阳发出的光而诞生，所以太阳是全光谱的光源，也就是红光、蓝光……紫外线、X光……什么光都有。人工光源则不是，常见的光源包括的单色光光源、三基色光源、全光谱光源、紫外线光源等。这里说明一下，全光谱人工光源，其实也不是和太阳发出的光一样的概念，它发出的光只包含了人眼可见的光，以及少量残缺的不见光。比如紫外线B光，在非专用光源射出的光中几乎不含。

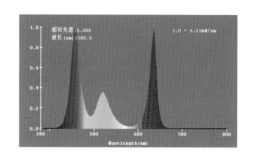

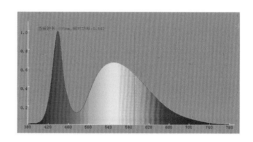

两款不同光谱荧光灯管的对比。上图为三基色灯管，其峰值在红蓝两个区间；下图为全光谱灯管，其峰值在蓝色区间

流明值 （lumen）

流明值是指人工光源发出光的总量，单位是流明（lm），简称流。流明值越高，光量越大，反之越小。流明值是栽培水草用光量的基本参数，每种水草都对流明值有不同的要求。需要量大的称为强光草（也称阳性草），反之则是弱光草（也称阴性草）。

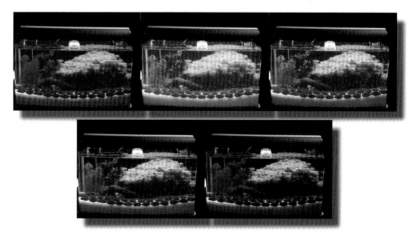

不同光谱下水族箱内景色呈现完全不同的颜色

在不同显色性的光源照射下，同一株水草展现出不同的面貌，
左为全光谱荧光灯照射下的红蝴蝶草，右为金属卤素灯照射下的红蝴蝶草

显色性

显色性是指不同光谱的光源照射在同一颜色的物体上时，所呈现不同颜色的特性。通常用显色指数 (Ra) 来表示光源的显色性。光源的显色指数愈高，其显色性能愈好。单色光源、高色温光源和低色温光源谈不上显色性，因为它们会把物体照射成自己发出光的颜色。全光谱光源的显色性最高，其次是三基色光源。

穿透性

穿透性是指光源发出的光能射入水中的距离。根据发光原理不同，光源的穿透性不同。普通荧光灯的穿透性很差，只能照射到水深 50 厘米以内的范围。所以，使用荧光灯的水族箱深度不能超过 50 厘米。金属卤化物灯的穿透性很高，可以照射到水下 1 米以上的距离，所以深度高于 50 厘米厚的水族箱，均推荐使用金属卤化物灯。

色温

色温 [colo(u)r temperature] 是表示光源光色的尺度，单位为开尔文，简称：开，符号：K。太阳光的平均色温是 5600 开，早、晚偏低（3000 ～ 4500 开）、中午偏高（6400 ～ 8000 开）。在最晴朗的日子里，正午的阳光色温可以达到 17 000 开。人工光源根据用途不同，也各有不同的色温指数。

绿色水草需要不超过 7000 开色温的光源来维持叶绿色的活跃。不同色温的光源照射在水族箱里给人带来不同的视觉感受。小于 3300 开的光线（带红的白色），给人温暖的感觉。如果在光通量很大的情况下，色温很低，会让人感到燥热。4500 ～ 5000 开的光线，看上去略微发黄，给人稳重、温暖的感觉，适合用来种植水草，光通量太强也会让人感到燥热。6400 开色温的是白光，适合饲养、欣赏大多数生物，同类光源在色温 6400 开的时候显色性最好。7000 ～ 10 000 开色温的光线呈现淡蓝色，有蓝天白云的感觉，适合栽培需要强光的水草。12000 开以上的光线呈现不同深度的蓝色，是专门用来饲养石珊瑚的。

功率

任何电器都有功率，照明灯也一样。比如标准的荧光灯管的功率分为 8 瓦、12 瓦、24 瓦、36 瓦等。金属卤化物灯功率分为 75 瓦、150 瓦以及 250 瓦等。

发热系数

除冷光源外，所有光源在发光的同时都会发热，根据它们的发光原理不同，发热量也不同。发出同样流明的光量，所产生的热量多少，称为发热系数。在发光量相等的情况下，发热越多，发热系数越高，反之越低。了解发热系数，选择低发热系数的光源，对于夏季减少降温设备的使用、节约能源有重要意义。

人工光源

为所栽培的水草选择光源是很重要的工作。选择光源合理，不但能让水草健康生长，还能使水中景色绚丽多彩。对不同光源的取舍，就是对它们发出光的质量的选择。

水草需要什么样的光呢？

植物对光的使用主要是为了光合作用，光合作用由植物体内的叶绿素完成，叶绿素能利用什么样的光，植物生长就需要什么样的光。根据实验，叶绿素在波长 640 ～ 660 纳米的红光区和波长 430 ～ 450 纳米的蓝光区分别有两个吸收峰值。也就是说，光合作用中，植物对红光、蓝光的需求是最多的。根据植物学家的研究，红光可以促进植物茎的生长，而蓝光可以促进光合作用，促使植物叶片生长。因此，在光源选择上，我们必须先考虑红、蓝两个波长。

人类可见的光谱是 400 ～ 760 纳米，一般包含了这个区间光谱的光源被称为全光谱光源。三基色光源是指光谱中主要包含 700 纳米的红光、546 纳米的绿光和 435 纳米的蓝光的光源。这两种光源都可以用来栽培水草，它们发出的光在我们肉眼看来都是白色的。当然，就植物生理学看，直接用红光和蓝光的光源栽培水草似乎没有什么不可以，但那样的话，水中景色会变成红色或蓝色的，而且非常昏暗，使我们无法欣赏。

我们需要白光，白光中已经含有了红、绿、蓝三色光。

发出的光不是白色的光源，其光谱未必是三基色，更不会是全光谱。偏蓝和偏红的光线都可以用来栽培水草，但偏绿、偏黄的就不适合了。普通照明用的白炽灯发出偏黄的光，就不能作为栽培水草的光源。同理，建筑用的黄色碘钨灯、高压钠灯、卤素灯，装潢用的彩色霓虹灯都不能用来栽培水草。

实际上，我们当前可以选择栽培水草的光源只有两种，即荧光灯和金属卤化物灯。LED 照明设备的技术正在研究，现在还很不成熟。

各种荧光灯

荧光灯

荧光灯是最早被用来安装到水族箱上部的光源，直到现在也是最被广泛使用的类型。荧光灯有很多优点，比如：节能、节省空间、低发热系数、光谱全、显色性好、色温可调控等。

荧光灯的样式很多，按外观可分为：管型、U 型、螺旋型、紧凑型（PL）、环型等；按灯管的粗细可分为：T4、T5、T8、T10；按镇流器输出功率可分为：普通荧光灯、高输出荧光灯（HO）、超高输出荧光灯（VHO）。不论荧光灯怎样变化，其发光原理都一样，都是利用电极产生紫外线照射荧光粉发光。在同等功率的情况下，其发光强度和荧光粉的质量有直接关系。好品牌的荧光灯使用了质量好的荧光粉，节能而且明亮；反之，则发光效率低。我们不难理解为什么一些大品牌的荧光灯管（如飞利浦、欧司朗、阿卡迪亚）的价格是普通灯管的几倍甚至十几倍。

在荧光灯中添加彩色荧光粉，就可以让它们发出各种颜色的光，比如红色荧光灯、粉色荧光灯、蓝色荧光灯等。通常，为了促进水草良好生长，专用水草栽培荧光灯管中会添加适量的红色荧光粉，让灯管发出的光呈现淡淡的粉色，加强植物需要的红色光线。但如果灯管中的红色荧光粉添加过量，发出的光就过红，会影响到水族箱内的自然颜色。

全光谱荧光灯是目前显色性最好的光源，它们的显色性 Ra 值可以达到 97（太阳 Ra 值为 100），这使得水族箱中动植物的色彩被淋漓尽致地展现，看上去绚丽多彩。

各种金属卤化物灯胆

水草的昼与夜

插茎类水草具有在停止光照后闭合叶片的特性，当光源再次被开启后，这些叶片会像花瓣一样再次绽开。这是水草的一种生理特性，如果水族箱中的水草每天都能出现这样的状态，则说明它们非常健康。反之，如果水草昼夜不分，叶片总是一种形态，就是它们快要死亡的前兆。

金属卤化物灯

金属卤化物灯是在汞和稀有金属的卤化物混合蒸气中产生电弧放电发光的放电灯，它是在高压汞灯基础上添加各种金属卤化物制成的光源。这种光源的发光能力强，光线的穿透性好。

与荧光灯相比，金属卤化物灯除了能使用在过大过深的水族箱上外，并没有太多其他显著优点。相反，缺点却很多。金属卤化物灯的功率规格很少，通常只有 75 瓦、150 瓦、250 瓦、400 瓦四个型号。虽然在工业和建筑照明上有更大功率的，但家中无法使用。

普通金属卤化物灯只有两种色温，一种是 5300 开的黄光，另一种是 6400 开的白光。在饲养海水珊瑚和无脊椎动物方面有专用的金属卤化物灯，其色温可以达到 20000 开，看上去非常蓝，但栽培水草用不上。栽培水草能用的金属卤化物灯只是 6400 开的类型。金属卤化物灯的色温会随着使用时间的增加而衰减，一般使用半年后，白光就逐渐变成黄光了。要想保持光的颜色，就必须更换灯胆。

金属卤化物灯属于光谱比较全的光源，但没有三基色和全光谱的荧光灯显色性好，其 Ra 值仅仅能达到 75，最好的也到不了 85。

金属卤化物灯的发热系数很高，其光源表面温度可以在 300℃ 以上，在冬季的室内，4 盏 150 瓦的金属卤化物灯同时打开，其产生的热量相当于一台小型电暖气。夏季，金属卤化物灯会使水温持续升高，使用金属卤化物灯的水族箱，必须安装制冷设备。

金属卤化物灯有这么多的缺点，为什么我们还要使用它呢？答案很简单——节省空间。当水族箱的容积大到 600 升以上的时候，如果用荧光灯为水草照明，就要密密麻麻地在水族箱上方排布许多灯管，十分占用空间而且不方便操作。金属卤化物灯的功率大，发光量高，一盏 150 瓦的金属卤化物灯可以顶替 4 ~ 5 盏 36 瓦的荧光灯，大大节约了水族箱上方的空间，增加了美感。

金属卤化物灯还具备了一些荧光灯不具备的能力，金属卤化物灯是点光源，其光从一个点向四外发射。荧光灯是散射光源，是一个表面积在共同发光。这样，它们照射到水面后的折射情况不一样，产生水下影子的模式也不一样。要想看到水下波光粼粼的水影，就必须使用金属卤化物灯，荧光灯无法实现。

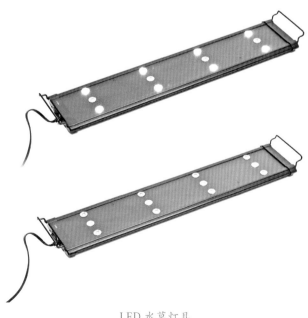

LED 水草灯具

LED 光源

LED 是高性能发光二极管的简称，近年来，随着低碳环保的生活方式越来越被人们重视，LED 灯作为新型照明工具开始走进千家万户。LED 灯具有低压、节能、低热量输出、使用寿命长的特性。有预言，它是未来最重要的生活光源。

在我看来，LED 灯要想成为生活中的主流光源，特别是成为水族箱光源，将面临的挑战还很大。最有必要解决的问题就是它发出的光绝大多数不能被植物所利用。

现在市场上的水族箱用 LED 灯由两类组成。一类是普通 LED 芯片的产品。这种灯发出高色温的白光，只能将水族箱中照亮，并不能为植物所用。使用这种灯，不但养不活水草，连藻类都很少长。

第二类是高性能 LED 芯片的产品，这种产品早期被使用于蔬菜大棚种植的补光催熟。最常见的是给西红柿补光的红色植物灯，它利用了植物对不同波长光的需求原理，提供单色的强光，达到促进植物生长的目的。显而易见，农业上使用的红色和蓝色的 LED 植物灯都不能使用到水族箱上，至少它们无法作为观赏时的灯具。于是，在这种灯的基础上，水族器材生产商研发出了能发出近乎白光的植物生长灯，最早用在饲养珊瑚方面，之后也进军了水草栽培照明。这种光源由多个 LED 芯片组成，其中有红光、蓝光和白光的，甚至还有黄光的。为了使光线呈现白色，其中白光 LED 最多，蓝光因为穿透性没有红光好，所以数量排在第二，红光和黄光的芯片最少。

高性能 LED 芯片虽然暂且满足了植物生长的需要，但其发出的有效光还是不多。使用这种 LED 灯并不能省电。比如，某水族箱需要使用两盏 150 瓦金属卤化物灯进行照明，在更换成高性能 LED 灯的时候，也至少要等同的功率。虽然使用 100 瓦的 LED 灯，其亮度已经和 300 瓦的金卤灯相差不多了，但对植物有效的光仅仅是金卤灯的 1/3。而且，高性能 LED 在照明时，产生的热量很大，我们经常看到这种灯要背负着大片的散热片，还要安装散热风扇，否则就会因为过热而烧毁电器。另外，LED 产品配置的大型变压器还是一个散热很多且很不安全的电器。

发出白光的 LED 光源，是显色性非常低的光源，如不配合彩色光源来补充颜色，其光照下的动、植物都将是颜色暗淡的惨白状。

直到目前，可以预言未来两年内，这种节能环保高科技产品要想在水族箱领域里替换传统产品，还是很难的。刚才还忘记说了，LED 灯还有一个劣势，那就是造价太高。

左图：强光草——尖叶红蝴蝶草

中图：中光草——绿宫廷草

右图：弱光草——小榕草

水草对光照的需求

当前市场上常见的水草有100多种，加上一些季节性水草和水草收藏爱好者的收集品种，全部供人们栽培的水生植物不下1000个品种。不同植物对光照强度的需求不尽相同。栽培者们通过多年的总结产生了强光草、中光草和弱光草的概念。

强光草（阳性草）通常是指那些生长光照需求高于1500勒的水草，比如太阳草、红蝴蝶草、大红梅等。

中光草（中性草）是指生长光照需求在800～1500勒的水草，包括皇冠草、宫廷草、丁香草等。

弱光草（阴性草）是指生长光照需求低于800勒的水草，包括大部分辣椒草、榕草、莫丝等。

强、中、弱光三种水草的概念引出了一个单位——勒，这要说明一下，否则你可能会不明白这个单位是什么意思。勒是光照度的单位，叫做勒克斯，简称勒，符号：lx。光照度通常是衡量太阳光的照度，在人工光源上常用光通量或前文介绍了的流明值。1勒等于1流，因此，在水草种植领域里，可以姑且将它们看成一回事。这里用勒是为了更严谨一些，实际上，照度、光通量和流明值都有特殊的解释，与光谱有关。因为我们种植水草要使用接近自然光的多波长灯，所以用不到这些概念。为了不让这些复杂的概念在这里捣乱，我将其忽略了。

并不是强光草就绝对不能在弱光下存活，弱光草就不能在强光下生长，只是如果改变这些水草适合的光照强度，它们会生长不好。比如将强光草中的红蝴蝶草栽培在弱光环境下，其叶片会变成咖啡色或绿色，失去原本的颜色。将红宫廷草栽培在弱光环境下，其叶片会变得非常稀松，出现只长茎不长叶的现象。如果把莫丝、蕨类等喜欢弱光的水草栽培在强光环境下，它们会停止生长，并滋生大量的藻类，最后被藻类覆盖而死亡。皇冠草、辣椒草等中光、弱光草栽培在强光下的时候，会变为土黄色，并且叶片扭曲成病态，生长缓慢。在水草栽培茂盛的水族箱中，底层的光线极其稀少，造成这个区域的水草叶片全部脱落，水草变成"光杆"。

解释这些现象的原理很多，比如水草叶片变形，通常是为了躲避强光的灼伤，它们不能用叶片表面直接对着光线，就选择了将叶片卷曲起来。水草呈现红色和绿色是体内花青素和叶绿素在作怪。原本红色的水草叶片上覆盖了厚厚一层花青素，花青素不能完成光合作用，所以必须用强光穿透花青素，才能让下层的叶绿素感受到光。因此，很多人说红色水草全是强光草。这个观点针对插茎类水草是正确的，对于红色睡莲、泽泻等就稍有偏颇了。

大多数绿色的水草也含有花青素，当光线过强的时候，花青素被激活，它们在植物体内占据优势，却不能凝聚很多，使植物看上去呈现红色。于是，原本绿色的水草在强光下，就变成了黄色和褐色。过多的花青素影响了绿色水草的光合作用，虽然光线很强，这些水草仍然生长缓慢。

蕨类和莫丝（苔藓）是低等植物，它们体内不含花青素，即使再强的光，它们也是绿色的。不过，这些植物适应了柔和的光线，当光线过强的时候会出现休眠状态。停止生长后，藻类占据了优势，最终完全覆盖了这些弱光植物。

当然，关于植物对光照强度的要求，还有很多可以解释的，要完全说明白，可以再写一本专业的书。有些原理在水草栽培方面有用，有些则用不到，因此，这里就不多赘述了。后面介绍水草品种的时候，一些对光有特殊要求的品种会单独介绍。

缺少肥料的情况下，光线过强导致水草畸形生长，图为印度黄玫瑰草

光源功率的选择

前面介绍了光、光源和水草对光照强度的知识，下面我们要介绍的就是养草人最关心的问题——我的水族箱到底该配置哪个品种，购买多大功率的灯具。

我们先以民用飞利浦 36 瓦 T8 三基色荧光灯管（产品型号 865）为例，这种灯管的发光系数是每瓦特 40 流左右，也就是每根灯管能产生 1440 流的光。如果我们想栽培强光草，需要总光照 15000 勒左右，就必须安装 10 根以上这种灯管。栽培中光草需要 5～10 根，而栽培弱光草需要 1～5 根。当然，这指的是正常规格的水族箱，超高和超宽的水族箱还要把因高度和宽度使光线有不能达到的地方计算进去。

这种算法很麻烦，而且很难找到规律，因为我们不能强迫大家的水族箱都一样大。对于小水族箱来说，这种照明浪费明显，而大型的又不够。怎么办呢？水草栽培者根据照度换算的总结，对不同水量的水族箱内照度的测量得到了一个比较可靠的换算方法。按照水的体积核算照明设备的功率。也就是，强光草需要每升容积 40 流以上的光照，中光草需要每升容积 25 流左右的光照，弱光草需要每升容积 15 流的光照。这样运算起来就方便多了。

举例来说：一个长 100 厘米、宽 40 厘米、高 45 厘米的水族箱，栽培强光草所需的光源数量计算如下：

100×40×45÷1000=180（升）　180×40=7200（流）

7200÷1440=5（根）

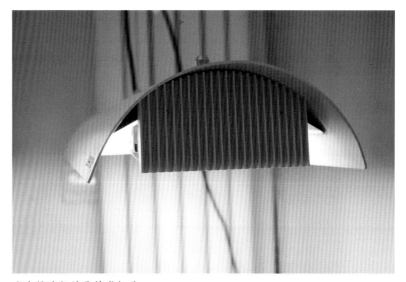

当今很流行的悬挂式灯具

打开水族箱盖子，我们会看到为了让水草健康生长，里面安装了多少盏荧光灯

得到结论：此水族箱要栽培强光水草，最少要安装5根飞利浦36瓦荧光灯管，其总功率为180瓦。

我们再换算一下，如果这个水族箱使用金属卤化物灯进行照明，需要多大功率。金属卤化物灯的单位发光系数约为70流／瓦。其计算公式前两步一样，后面的计算公式是：

7200÷70=102.8（瓦）

可知，如果使用金属卤化物灯，则需要102.8瓦的功率。金属卤化物灯有70瓦和150瓦的规格，显然，使用一盏70瓦的光照不足，使用两盏70瓦的或者一盏150瓦的则有富余。刚才谈到强光草要求是每升容积不小于40流照明，使用两盏虽然超过了计算数值，但高出并不多，所以应选择使用两盏70瓦的金属卤化物灯。

如果要用同样的水族箱栽培中光和弱光草，那么计算公式是：

100×40×45÷1000=180（升）　　180×25=4500（流）
4500÷1440=3.125（根）

100×40×45÷1000=180（升）　　180×15=2700（流）
2700÷1440=1.875（根）

也就是说，栽培中光水草需要使用3根灯管，栽培弱光草大约需要2根。

有了这个计算方法，我们就可以轻松计算我们需要的照明设备功率了。要注意的是，不同品牌的灯管，其发光系数不同。大品牌的产品会在灯管包装上标示其总流明值，比如飞利浦、欧司朗、阿卡迪亚、喜万年等品牌。而小品牌和杂牌货不会标示，凡未标示的灯管，我们都可以按以上公式进行计算，因为它们既然都是民用灯，其效果也差不多。但是不要买那些几元钱一根的劣质产品，我们无法知道劣质品的发光系数。

水草专用灯管中的太阳灯管、卤化物灯管的发光系数都可能达到普通民用灯管的1.5～2倍。高输出（HO）和超高输出（VHO）的灯管因为功率增加，所以总发光量也增加，但单位功率的发光量和普通灯管没有什么区别。

金属卤化物灯的制式和品牌不如荧光灯多，可选的空间小。通常使用的都是欧司朗的白光灯胆，其发光性能前面提到了，为70流／瓦左右。水族器材生产商生产的专用卤素灯胆，大多是用来饲养珊瑚的高色温灯胆，水草栽培领域用不到。近两年，一些水族器材商生产了发出带有微弱绿色光的水草专用金属卤化物灯胆，这种灯胆虽然在照射绿色水草的时候会让整个水族箱看上去郁郁葱葱，但照射其他颜色的水草时，其显色性的弊病一览无余。如果要想得到丰富绚丽的植物色彩，就不要使用金属卤化物灯。

当然，现今很多中大型水族箱采取了金属卤化物灯和荧光灯配合照明，使用两种光源既提高了光的穿透性，又增加了显色性。有些水草灯具还包含了金属卤化物、荧光和LED三种光源。这种灯的造价不低，但人们的生活水平提高了，似乎也不太在乎。

第五课　肥料和催化剂

　　光和水分对植物的生长固然重要，肥料也起到了较大的作用。如果没有肥料，植物也不能良好生长，就如同我们人类缺少维生素和矿物质一样。相对光、水来说，植物对肥料的需求虽然较少，但合理使用肥料，却能让水族箱中的水草大放异彩。

　　水生植物需要哪些肥料呢？

　　植物生长所需的肥料大多数来自土壤中，对水生植物来说，肥料除来自种植材料的外，还有很大一部分来自水中。这些肥料都是无机化合物，也就是我们说的无机盐或者营养盐。按照植物生理学要求，对肥料的需求分为巨量元素和微量元素，也就是主肥和辅助肥。主肥包括氮、磷、钾，辅助肥包括了铁、氯、钙、镁、锰、铜、锌、钼、硼等。

氮肥

　　氮肥是植物生长中最重要的肥料，植物借助氮肥合成氨基酸与核酸。氨基酸是蛋白质的基本构成元素，核酸是构成生命的最基本物质之一。缺少了氮肥的加入，水草就无法生长繁殖。

　　庆幸的是，氮肥虽然无比重要，但在水族箱中到处都是，通常不必刻意地添加。种植水草的底床里、鱼类的粪便中、水草腐烂的叶片里以及在水族箱中不断死亡的小生物体内都含有大量的有机氮。这些有机氮不能被植物直接利用，但它们被硝化细菌分解后转化成无机氮就可以被植物吸收了。这就是前面提到过滤系统原理时说植物本身也是过滤系统一部分的原因。当氨被转化成硝酸盐后，就成为了水草主要的氮肥来源。只要你栽培的水草在新陈代谢，只要你同时在养鱼，氮肥通常是取之不尽、用之不竭的。水草种植泥丸和很多水草基肥中含有大量的有机氮，它们可以逐渐被分解使用。就连自来水中也含有一定量的硝酸盐。只有水族箱环境极其贫瘠的时候，才需考虑添加氮肥。比如，你用一个玻璃管子栽培一株水草，而且是漂浮在里面栽培的，没有种植材料，没有鱼，用的水也是纯净水。那么，就要添加氮肥了。

　　农业上的氮肥，除了有机肥外，主要是尿素，化学式为 H_2NCONH_2 [$CO(NH_2)_2$]，主要成分是氮。一些商家生产的水草氮肥多是尿素的稀释液，还有一些可能是碳酸氢铵（NH_4HCO_3）、氯化铵（NH_4Cl）、硝酸铵（NH_4NO_3）的溶液。栽培水草很少用它们，如果用多了是很麻烦的事情，过量使用氮肥会导致水中电解质失衡，"烧死"水草，还会大量暴发藻类，使水成为绿色。

磷肥

　　磷肥是促进植物根系生长、提高果实产量、促进开花的肥料，在农业上被广泛使用。和氮肥一样，水草水族箱中几乎也不用刻意添加磷肥。磷肥主要存在于动物的骨骼和粪便中，我们喂养鱼的饲料中含有鱼骨粉，鱼骨粉除少量被鱼吸收外，大量的被排泄出来，形成磷酸盐而成为植物所需的磷肥。水生植物所需要的磷肥量远比陆生植物少得多，因此只要你同时在养鱼，水草就不会缺磷肥。

　　水草基肥和水草种植泥丸中也会掺有一部分有机磷肥，死去的鱼和其他小生物也是水中磷肥的来源。大多数水草液肥中也会添加一些过磷酸钙 $[Ca(H_2PO_4)_2]$、磷酸二氢钾 (KH_2PO_4) 等，作为磷肥的补充。

　　大多数时候，我们考虑的不是怎样给水族箱中添加磷肥，而是怎样减少水族箱中过多的磷酸盐。一旦对鱼喂食过多，或者最近有几条没有从水族箱中捞出来的死鱼，水中的磷酸盐含量会迅速上升。磷酸盐含量上升后，不是先被水草利用，而是被藻类利用。因为藻类对磷的需求远比水草高，所以水族箱中藻类的危害主要来自过多的磷酸盐。

钾肥

　　钾肥也是植物生长中三大主肥之一，其作用很多，植物体内的酶系统活化、光合作用、营养运输等都离不开钾肥。陆生植物开花期要补充钾肥，因为此时植物要把营养运输到开花、结果的位置。

　　水草栽培过程中，钾肥是三大主肥里唯一一种需要人工添加的肥料。虽然种植材料和自来水中也含有一些钾离子，但当水草生长茂盛时，钾肥的供给明显捉襟见肘。自然界的有机钾肥主要是草木灰，无机钾肥包括各种含钾矿物盐。氯化钾、硫酸钾和磷酸二氢钾是农业钾肥的主要来源。在水草栽培肥料中，钾肥多数是这些药剂的溶液。

　　水草缺钾的情况往往出现在生长过于茂盛的阶段，特别是一些开花的品种，在开花前容易因缺钾而导致植物畸形。严重缺钾的时候，植物会停止生长，萎靡死亡。添加钾肥的方法很多，市场上有多种水草用钾肥出售，购买后按说明使用即可。或者自己配置浓度1%的磷酸二氢钾溶液，以每50升水1滴的比例，每天向水族箱中添加。

　　对钾肥的需要和植物的生长速度有关系，栽培强光性、生长速度快的植物时，应酌情增加施肥量。水草生长速度慢和弱光性水草，应酌情减少施肥量。钾肥施入过多，会影响植物对铁肥的吸收，使植物失去颜色，叶片变小，甚至枯萎死亡。

铁肥

　　铁肥虽然不是三大主肥的成员，但在水草栽培过程中，其受重视程度远远高过三大主肥。铁对植物叶绿素和花青素的合成具有重要作用，是植物利用氮肥、磷肥的辅助剂。在农业种植上，植物获取铁并不困难，大多数土壤中含有铁元素。但在相对封闭的水族箱环境中，铁元素的获得就明显不足。

　　最早在水族箱中使用铁肥的人是德国 Dupla 公司的创始人 Kaspar Horst。1965 年，他为了让水族箱中的红色水草看起来更鲜艳，试验性地在水族箱中使用螯合铁（EDTA-Fe），结果，他并没有得到鲜红的水草，但所有水草的生长情况明显比之前旺盛了很多。不久后，水草用螯合铁肥被发明，因为 Dupla 公司本身就是以生产水草用品为主的公司。之后，很多水族企业开始开发螯合铁肥。螯合铁似乎成为了栽培水草不可缺少的肥料。

　　螯合铁是铁分子与某种有机酸结合的配合物，因为分子结构很像一对大螃蟹用钳子夹着一个铁分子，因此称为螯合铁。因为植物对无机铁的吸收能力不佳，所以作为肥料的铁多以螯合形式出现。

　　在水族箱中适当添加螯合铁，可以使绿色水草看上去更浓绿、红色水草看上去更鲜艳。当然，在添加铁肥的同时要保证水族箱内其他指标符合水草生长的条件，比如光照、水温、水流、二氧化碳和其他肥料。

　　现在螯合铁肥在市场上可以轻松买到，根据品牌不同，价格高低不等。添加方法因水草生长情况而异。一般在水草种植时期是不添加铁肥的。要等到一个月后，水草扎根良好，生长稳定后，才开始添加。通常每100升水中，每天可以添加螯合铁肥0.5毫克（5滴左右）。可以根据水草品种和生长状态调整铁肥的数量。比如在一个每日添加二氧化碳的200升水草水族箱中，种植喜欢超强光的红色插茎类水草（比如红太阳、大红梅、红松尾等），则铁肥的添加量可以增加到每天2毫克。

　　过多地添加铁肥，会造成植物对其他肥的吸收能力下降，特别是影响钾肥的吸收。铁肥过量，还会引起水族箱中褐色藻类的暴发。

肥料供应不足或肥料失衡时，导致水草失去原本鲜艳的颜色，图为迷你红蝴蝶草生长不良的状态

现在很流行用针管为水草施加液体根肥

水中的钙、镁离子

在自然水中存在一定量的钙、镁离子，它们的总和被称为水的钙镁离子硬度。在水化学部分，我会具体说硬度的作用。现在，我们只把钙、镁作为水草需要的微量元素来说明。大多数植物生长需要钙，钙在土壤中的含量非常丰富，所以很少听到有人给庄稼补钙的。倒是含钙量太多的盐碱地内无法种植庄稼。

一些水草种植材料里也含有钙，比如河沙、水草种植泥丸。以二氧化硅为主要成分的矽砂、石英砂则含钙量很少。大部分水中也含有钙，比如自来水、井水、河水。水中的钙以钙离子（比如碳酸钙、氯化钙等）形式存在。所以，钙是不用刻意添加的元素。

水草需要钙的量非常少，更多的时候，我们要尽量去除水中和沙子中的钙，来维持一个低硬度的水质环境。少部分水草需要一定量的钙来维持生长，比如辣椒草、榕草、红蝴蝶等。当水中极度缺钙的时候，它们的叶片会出现穿孔、融化或者叶片卷曲。

缺钙现象只在使用纯净水栽培水草的时候才会出现，补充钙的办法很简单，就是适当加一些自来水、井水等含有钙、镁离子的水。

镁是钙的伙伴，一般情况下，水中的钙、镁离子是共同存在的。在饲养珊瑚等无脊椎动物方面，镁是它们利用钙的辅助剂，是不可缺少的。水草对镁的利用量非常小，只要加入含有钙、镁离子的水后，镁的含量就不必考虑。

其他微量元素

水草对其他微量元素的需求也各不相同。通常，如果使用水草种植泥丸种植水草，用水并不完全使用纯净水，那么水草很少会缺少某些微量元素。即使缺乏了，影响也很小。目前，市场上出售的综合液肥中，有些是含微量元素非常丰富的，可以每周或十天左右，按用量使用。对于这些微量元素的添加量来说，要做到宁少勿多，没有都比过量强。如果微量元素添加过多，影响的不仅仅是水草的生长，还会破坏整个水族箱内的生命系统。

植物对肥料的吸收方式

大多数水草通过根、茎、叶吸收肥料，没有根的植物通过叶、茎吸收肥料。植物根、茎、叶对肥料吸收的比例并不固定，完全看你使用哪种肥料更多一些。

铺设基肥的方法

基肥和基肥的使用

　　说完了各种元素和水草对肥料的吸收方式，我们可以谈谈市场上出售的成品肥料。在建设一个水草水族箱的初期，你将面对的第一种肥料就是基肥。

　　基肥是混合在沙子中缓慢释放的肥料，是使用沙子种植水草必备的产品，如果使用泥丸种植水草，则不需要混合基肥。基肥的主要成分是氮、磷肥，一般不会含有铁肥。因为水生植物靠叶片吸收铁而不是根。

　　基肥在水族箱建设前期使用，将它们按产品说明的比例混合在沙子中，铺设到水族箱里，然后在其上再铺设一层2厘米厚的无肥料沙子。铺设无肥料沙子是要将肥料固锁在水流缓慢的区域，以免过度溶解到水中，使水中藻类暴发。铺设好肥料和沙子后，再向水族箱中注水，注水时一定要轻缓，以免水流将肥料冲出来，造成大量溶解。

　　大部分基肥被植物的根系吸收，少量溶解到水中被植物的叶片、茎吸收。根据产品质量的不同，基肥的效力从数个月到几年不等，当基肥被完全耗尽后，我们要么定期添加液肥和根肥，要么对水草进行翻种，重新铺肥。

液肥和液肥的使用

　　液肥是栽培水草最常用的肥料，不论你使用什么样的种植材料，液肥都是必须添加的。通常，液肥分成两类，一类是综合液肥，其主要成分是磷钾肥和一些微量元素；另一类是铁肥，主要成分是螯合铁。

　　综合液肥的使用量一直是个众说纷纭的概念，有人认为必须天天添加，有人则认为只要基肥打得好，综合液肥是不必要的。

　　顾名思义，液肥是液体的肥料，是添加到水中的肥料。前面说过，水草不仅仅通过根系吸收营养，实际上叶片和茎对营养的吸收有时候会高过根系。基肥中的一部分也是溶解到水中后被水草所利用。可见液肥是很重要的，至少我是这么认为的。在一个光照、温度等条件良好的水草水族箱中添加液体肥料，的确能焕发水草的活力。

　　铁肥是水草需要的铁元素的主要来源，每位栽培水草的朋友都应当备一瓶，并在水草水族箱生长稳定后定期添加。

　　综合液肥和铁肥的添加阶段都应在水草种植完的4～6周后，这时水草的根系已经生长非常好，大部分因水质不适而枯萎的叶片已经脱落，水草开始旺盛生长。如果在种植水草的早期使用液体肥料，则水中的营养盐过多，会造成藻类的滋生。液体肥料的使用可按照说明书上的标准进行。目前市场上的液肥品种很多，良莠不齐。不要贪图便宜购买劣质产品，那些肥料是用鱼塘养殖肥料和化肥勾兑出来的，效果很不好。比较知名的品牌有德国的都霸（Dupla）、德彩（Tetra），丹麦的水草大师（Tropica），日本的 ADA，中国的台湾翠湖等。之所以这里没有中国大陆地区的品牌，是因为我们的观赏水草养殖业发展很晚，目前还没有专门的研究。

有些液体肥料标榜了添加有维生素、活性酶、电解质以及氨基酸。这些基本可以认为是一种广告噱头，就像现在水产养殖上动不动就出什么电解质、氨基酸养水宝等。维生素主要是动物生长需要的物质，植物多数是利用肥料自己合成的。活性酶是动植物生长的必要元素，但它们自己有很多，外来的怎么分解吸收进入体内还不太清楚。电解质更是一种概念性的东西，简单的理解就是融在水中的钙、盐等物质，含有矿物质的水就是一种电解质溶液。氨基酸是蛋白质合成必需的元素，植物本身可以合成。植物怎样利用外来的氨基酸？也许有可能吧，但没有必要。

还有一些生产商把各种肥料单独提出，出品单一的液肥。比如氮肥、磷肥、钾肥甚至还有碳肥。比如美国的海化公司（Seachem），该公司是研究海洋无脊椎动物饲养产品的公司，将肥料分开，是一种用养珊瑚的思维考虑水草的行为，不足为奇。别人要是学这家公司，那才是真不懂。实际上，除去钾肥和铁肥因用量不同而需要控制外，其他肥料都可以混合在一起综合使用。大多数综合液肥中是含有螯合铁的。

水草基肥

各种水草液肥

根肥和根肥的使用

根肥也可以叫做根肥锭，是为大型水草开发的一种根系肥料，呈块状或者颗粒状，埋在植物根系附近使用。这种肥料一般适用于泽泻、睡莲、水蕹等大型植物，其他水草用它无大益，不用也无害。

根肥是一种氮肥，有时会含有磷肥。因为大型水草、特别是叶片巨大的水草，对氮肥的需求量很大，所以它们需要特殊的肥料补充。就如同种植大白菜必须使用氮肥一样，大叶子离不开肥料。将根肥埋在这类植物根系附近，可以帮助它们生长出健康硕大的叶片。

根肥的品种很多，比如美国海化的根肥锭、德国都霸的根肥片、荷兰的粒粒肥等。

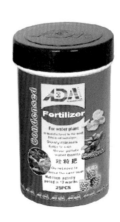

水草根肥锭

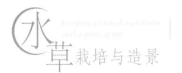
二氧化碳

关于二氧化碳的使用，又是一个很大的课题，现在多数人喜欢向栽培水草的水族箱中人工添加二氧化碳。一套二氧化碳设备并不便宜，有些人用它是因为了解使用它的好处，有些人什么都不了解，只觉得使用二氧化碳是一种"玩草"的象征，再加上商户为了销售利益的鼓吹，二氧化碳设备似乎成为了水草栽培者必备的产品。

二氧化碳的作用

并不是所有水草在栽培过程中都需要额外添加二氧化碳，鱼的呼吸、空气的溶解以及腐烂物质的发酵都为水中提供了许多二氧化碳。其实，大多数水草的正常生长是不需要额外向水中添加二氧化碳的。添加二氧化碳的方法有以下四种。

（1）降低水的酸碱度，以便养活一些特殊的水草

二氧化碳进入水中后，会形成碳酸，大幅降低水的酸碱度（pH），这为栽培一些需要酸性水质的水草提供了便利条件。其实，早期向水族箱中添加二氧化碳并不是为了栽培水草，而是为了得到酸性水，饲养来自南美洲的灯鱼和短鲷。

（2）减少饲养鱼的数量，控制营养盐的堆积

鱼类的呼吸会排泄二氧化碳，然后被水草利用。栽培的水草越多，所需的二氧化碳就越多，从而鱼也必须越多。否则，在相对封闭的水族箱中，二氧化碳就会不足。不过，一旦鱼饲养多了，它们的排泄物会增多，使水中营养盐增加，从而造成植物生长失衡，藻类泛滥，水质恶化。直接向水中添加二氧化碳，免去了鱼类排泄的麻烦，而且用量可控。

（3）使水草生长更快

向水中合理添加二氧化碳可以加快水草的光合作用，使水草生长速度加快。

（4）使水草的颜色更鲜艳

添加二氧化碳和强有力的光照，会使红色植物光合作用充分，使植物健康活跃，花青素也会良好地形成。因此，红色、紫色等水草在二氧化碳充足时，颜色会更加浓郁、鲜艳。

二氧化碳的输入方式

通常，我们使用两种工具向水中输入二氧化碳，细化器和溶解器。

买来的二氧化碳以液态的形式存储在气瓶中，钢瓶出气阀门连接在一个微调阀上，然后由导管引入水族箱中。导管的另一端安装有细化器或溶解器。

细化器将二氧化碳气泡分解成为细碎的小泡，溶解到水中。

溶解器是一个安装有小水泵的塑料盒子，二氧化碳气泡进入盒子后，被水泵带动循环于水中，最后水泵将充分溶解了二氧化碳的水送回水族箱中。

溶解器对二氧化碳的使用更充分。细化器难免有些气泡漂浮到水面扩散到空

记泡器
气瓶阀门
压力表
微调阀
电磁阀
气瓶

二氧化碳细化器

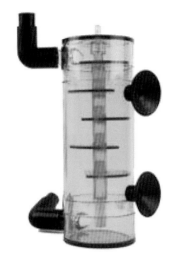

二氧化碳扩散器

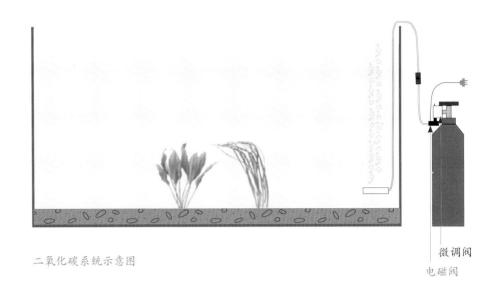

二氧化碳系统示意图

微调阀

电磁阀

气中，造成浪费。溶解器通常个体很大，放在水族箱中不美观，二氧化碳气体也并不昂贵，所以大多数人并不在意那点儿浪费，还是会使用细化器。细化器的质量越好，其分离出的气泡越细，二氧化碳溶入水中的比例就越高。不过，细化器上会生长藻类，阻塞出气小孔，使用一段时间后，出气效果就不佳了，需要定期更换。

安装在气瓶上的微调阀用来调节出气量大小，有时候我们还会安装上电磁阀和记泡器。电磁阀与定时器相连，可以自动控制二氧化碳的输入和停止输入。记泡器可以记录每秒钟向水族箱中输入的气泡数量。

这里要强调：二氧化碳瓶内的压力很大，拆装微调阀的时候一定要关闭钢瓶总阀，并将微调阀和管路中的残余气体放空。否则，当微调阀螺口被松动后，很容易被气体推出，造成危险。

二氧化碳的获得方法

最方便的二氧化碳获得方法是去水族店购买气瓶，气瓶分为钢瓶和铝瓶。钢瓶可以多次使用，其内气体用完后，可以去水族店里换气。铝瓶是一次性的，内部气体用完后，就可以遗弃了，再购买新的。其实，并没有纯粹为水族箱栽培生产的二氧化碳瓶，钢瓶实际上是为实验室、化工生产的产品，早期还有用二氧化碳灭火器改装的。

铝瓶是啤酒生产时使用的二氧化碳存储瓶。因此，这些瓶子的接口并不统一，需要配置相应的微调阀。

如果购买二氧化碳不方便，或是觉得二氧化碳瓶比较贵，可以试着自己制造二氧化碳。比如，现在学生时代的水草爱好者，平时有充足的时间，资金也不多，自己制造二氧化碳是很经济的选择。

有多种方法能得到二氧化碳，在水草栽培方面通常使用两种：一种是利用酵母菌发酵红糖，另一种是利用柠檬酸和小苏打反应。这两种方法都是安全可靠的，而且原料比较容易获得。

具体操作办法如下：

（1）酵母红糖法

原料：酵母、红糖、单晶冰糖、可乐瓶2个（一定要用可乐瓶，因为碳酸饮料的瓶子耐压和密封性好，矿泉水和非碳酸饮料的瓶子密封性不佳，当瓶内产生气体后，会因为压力作用而漏气）、气管直通3个、输气管若干、单向阀2个。

A．将可乐瓶清洗干净，在其中一个瓶盖上烫一个孔，另一个瓶盖上烫两个孔，然后将气管直通安装在上面。注意，孔最好是用比直通细一些的铁棍烧红烫出，这样的孔有弹性，不容易漏气。用电钻打的孔，缺少弹性，容易漏气。

B．用40℃的水溶化酵母粉，温水有助于激活酵母菌。

C．将适量的红糖放入瓶盖开有一个孔的可乐瓶中，放入少量温水使其溶化。

D. 将溶化好的酵母水注入装有红糖水的瓶中，拧紧瓶盖。

E. 向另一个可乐瓶中注入清水，在其盖子上的一个直通内侧加上一根长度大概到瓶底的气管。

F. 把两个瓶子用气管连接起来，要连接内部有气管的那个直通，注意在两瓶相连的气管上加一个单项阀，防止瓶内压力不平衡时，清水倒流到糖水中。

G. 环境温度保证在 25℃ 以上，半小时后就能产生二氧化碳气体。

第一次由酵母分解红糖产生的气体多而猛烈，通常 20 小时内就会用完。红糖只是培养基，日后只要每天向糖水瓶里加入适量的冰糖就可以产生稳定的二氧化碳了。之所以要使用单晶冰糖，是为了方便控制产生二氧化碳的数量。可以靠加入糖的块数控制产气量。一般容积在 200 升左右的水族箱，每天放入 10 块冰糖就够用了。

这种制造二氧化碳的方法的优点是原料非常容易获得，缺点是使用一个月左右就要全部更换酵母红糖培养基，而且产生的二氧化碳不纯，即使用清水过滤了仍然会有残留杂质。再有，在室温低于 20℃ 的冬季，酵母反应缓慢，产生的气体压力小，不方便使用。

(2) 柠檬酸和小苏打反应法

这种方法是目前比较流行的方法，淘宝商城上甚至有专用的配件出售。

原料：柠檬酸、小苏打、可乐瓶 2 个、专用阀门配件 1 套、导管若干。

A. 将 200 克柠檬酸溶解到 500 毫升水中，放入一个可乐瓶中。

B. 将 200 克小苏打溶解到 200 毫升水中，放入另一个可乐瓶中。

C. 将专用阀门配件安装到瓶子上，拧紧。

D. 用手将柠檬酸溶液挤压到小苏打溶液瓶内一些，打开微调阀。

E. 此时，小苏打溶液瓶内即产出二氧化碳，调整微调阀，并将压力表压力控制在 4 千克以下。

F. 连接上导管和细化器就可以使用了。

每天使用时，都需要将柠檬酸水挤到小苏打水瓶内一些，直到全部柠檬酸水用完后，将小苏打水瓶内反应后的水全部倒掉，然后向两个瓶子中加入新的溶液。

这种二氧化碳生产方式产生的二氧化碳纯度比较高，但操作稍有些繁琐。其反应方程式为：

$$3NaHCO_3 + C_6H_8O_7 = C_6H_5O_7Na_3 + 3H_2O + 3CO_2 \uparrow$$

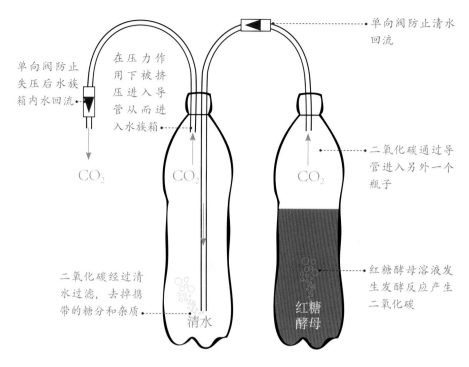

酵母红糖法生产二氧化碳图示

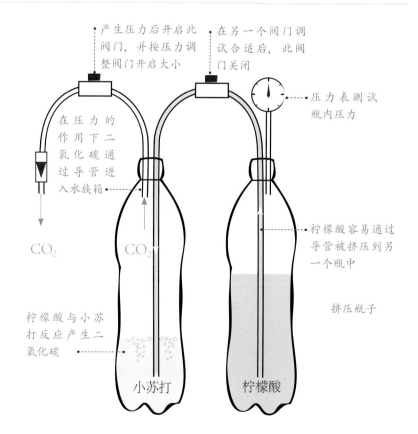

柠檬酸和小苏打反应法生产二氧化碳图示

合理使用二氧化碳

二氧化碳虽好，但不可滥用。向水中输入二氧化碳要根据水草的品种、生长状态、水温、光照、肥料情况、水的硬度、酸碱度等项目合理安排。实际上，水草对二氧化碳的利用与光照和肥料有密不可分的关系。只有达到每种水草的光补偿点，水草对二氧化碳的利用才达到了最佳状态。

何为光补偿点？简单地说，光补偿点就是在额定光照强度下，水草对二氧化碳的最大使用数值。也就是说，低于这个数值，水草得到的二氧化碳不够充足，高于这个数值则出现因水草不能利用而剩余的二氧化碳。提高光照强度，水草的光补偿点就会升高，重新开始利用多余的二氧化碳。但当达到了光饱和点后，水草就不能再利用多余的光，也不能再利用多余的二氧化碳了。因此，二氧化碳的添加数量要根据光照情况来设定。

水草的光饱和点因品种而异，强光草的光饱和点高，而中光草和弱光草的光饱和点低。当水草达到光饱和点后，如果再加入二氧化碳，水中的二氧化碳就会越来越多，影响溶氧量，造成鱼的缺氧。过多的二氧化碳还会造成水的酸碱度过低，给生物的生长带来负面影响。

怎样合理使用二氧化碳呢？请注意以下几点。

①光源开启后1小时再打开二氧化碳输入阀门，光源关闭前2～3小时关闭二氧化碳输入阀门。

众所周知，水草只有在有光的条件下才进行光合作用，消耗二氧化碳；在无光的情况下进行呼吸作用，排出二氧化碳。当每天早上打开水族箱照明设备时，由于夜间水草和鱼类的呼吸，水中二氧化碳含量比较高，而且水草在接受光照的初期，生理功能并没有调整到最佳状态，此时的光合作用很微弱。因此，如果在无光照或刚刚开启光照时就向水族箱中输入二氧化碳，不但造成二氧化碳的浪费，还会使水中的二氧化碳浓度过高。

只要光照停止，光合作用即停止，此时不再消耗二氧化碳。我们全天输入水族箱中的二氧化碳并不会被水草全部消耗，这就造成了大量二氧化碳残留。在关闭光源前2～3小时提前停止输入二氧化碳，可以让水草将残留的二氧化碳消耗完毕，再停止光合作用。

②水草种植2周后适应了新环境，再开始输入二氧化碳。

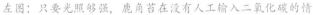

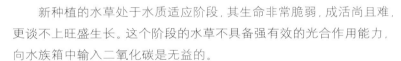

左图：只要光照够强，鹿角苔在没有人工输入二氧化碳的情况下也能冒出氧气泡

右图：插茎类水草在人工输入二氧化碳的情况下冒出氧气泡

新种植的水草处于水质适应阶段，其生命非常脆弱，成活尚且难，更谈不上旺盛生长。这个阶段的水草不具备强有效的光合作用能力，向水族箱中输入二氧化碳是无益的。

③强光水草可以加大二氧化碳的输入量，中光和弱光水草应当减少二氧化碳的输入量。

强光水草的光饱和点高，所以光合作用时需要的二氧化碳量也高。而弱光水草的光饱和点低，对二氧化碳的需求也低。比如红蝴蝶草、大红梅、太阳草，需要的光照强度和二氧化碳都很高。皇冠草、辣椒草等需要的光和二氧化碳就少很多，莫丝类甚至不需要额外输入二氧化碳。二氧化碳的输入量可以用记泡器衡量。经验上讲，容积 300 升的水族箱，如果栽培强光水草，可以控制在每秒输入 5 ~ 7 个气泡，中光水草控制在每秒 1 ~ 2 个气泡，弱光水草不输入二氧化碳或每秒输入少于 1 个气泡。

对于中、弱光水草来说，过多地输入二氧化碳，不但无益，反而会由于水中碳酸的过度波动而影响生长。

④使用二氧化碳的同时，不要使用降低酸碱度的药物。

二氧化碳溶解到水中形成碳酸，使水的酸碱度下降。如果此时使用降低酸碱度的药物，会使水过度酸化。

⑤当水草生长过于旺盛或饲养的鱼类很多时，要减少二氧化碳的输入量。

水草生长过度旺盛时，就要尽量控制它们的生长，缩短光照时间和减少二氧化碳的输入都是很好的办法。水族箱中饲养的鱼越多，排出的二氧化碳越多，相对人工输入的二氧化碳就可以越少。

⑥肥料供应充足且水温高时可增加二氧化碳的输入量，反之则要减小。

水草的光合作用不但与光照、二氧化碳有关，还与水温和肥料有关。在水温高的时候，水草机能活跃，新陈代谢速度快，此时人工输入二氧化碳会加速其生长。水温低的时候，水草新陈代谢缓慢，有些进入休眠状态，此时光合作用缓慢或停止，不需要更多的二氧化碳。在光合作用过程中，氮、磷、钾和其他肥料都或多或少地起到催化、运输、合成等作用。如果没有肥料的供给，再强的光、再高的二氧化碳输入，也无法促进水草良好的光合作用。因此，在肥料充足的时候可以增加二氧化碳的输入量；肥料不足的时候输入过多的二氧化碳，不但会造成浪费，还会使水草因营养不良而变得扭曲畸形。

第六课　水化学

水化学是一个很大的课题，其中包括了水中的各种溶解物，各种电离子以及水的化学特性等。这里要讲的水化学，主要是酸碱度、硬度和导电度。

酸碱度（pH）

酸碱度也称 pH 值，英文全名 Hydrogen ion concentration，是氢离子浓度指数。这个概念是 1909 年由丹麦生物化学家 Soslashren Peter Lauritz Soslashrensen 提出的。p 代表德语 Potenz，意思是力量或浓度，H 代表氢离子（H⁺）。有时候 pH 也被写为拉丁文形式的 pondus hydrogenii。

pH 值越大，碱性越强；pH 值越小，酸性越强；在水温 25℃时，pH 值等于 7 为中性水。

自来水的 pH 值一般为 7，北方略微偏高，南方略微偏低。这种水适合大多数观赏鱼的生存，多数水草喜欢 pH 偏低的水质，有些品种需要低于 pH6.8 的软水才能养活。降低 pH 值的办法是向水中添加酸性物质，比如白醋、草酸、鞣酸等。市场上有很多降低 pH 值的添加剂，可以根据自己的需要购买。pH 值呈对数形式波动，鱼和水草类一般忍受不了在 1 小时内 pH 值波动超过 0.2，因此，调整水的 pH 值必须缓慢进行。

沉木、水草泥丸内含有大量的腐殖酸，长期浸泡在水中会使水的 pH 缓慢下降。一些含有碳酸钙成分的岩石和沙子能缓慢提高水的 pH 值。

pH 值的高低可以用石蕊试纸或 pH 试剂盒、监测表来测试，建议不使用试纸，因为试纸是利用比色方式进行鉴定，不稳定，难识别。况且，pH 试剂盒、监测表现今已经不是什么昂贵的产品了，用它们来监测水的酸碱度很可靠。

酸性　5.0　6.0　7.0　8.0　9.0　碱性

上图：水质过酸的情况下，榕草叶片出现融化现象

下图：水质碱性过强时，水草无法健康生长，藻类大肆泛滥

沉木会向水中不停释放单宁酸，将水染成黄色的同时降低了酸碱度

影响酸碱度的因素

影响 pH 值波动的因素有很多，包括了换水、底床、造景材料、鱼类和水草的新陈代谢、二氧化碳的输入量等。

除非严格调试使用水，否则每次换水都会造成水族箱中 pH 值的波动。以自来水和由自来水净化而产生的纯净水为例，这两种水的 pH 值通常是 7，而水草水族箱中的水 pH 值一般低于 7。当新水被加入后，pH 值开始升高，而随后，新水被逐渐"老化"，pH 值缓慢下降到原来的数值。如果换入的水是井水或泉水等 pH 值相对高的水，那么水族箱中的 pH 波动将更剧烈。

在种植水草的材料中，泥丸为酸性底床，石英砂和矽砂为中性底床，其他沙子大多为弱碱性底床。这些材料会不停地影响水的 pH 值波动，尤其是一些品牌的泥丸，降低 pH 的效果非常明显。

造景材料中的沉木含有大量的单宁酸，能缓慢降低水的 pH 值，还会让水呈现茶色。一些岩石，比如青龙石，含有钙质比较多，在向水中释放钙质的同时，提高了水的 pH 值。

鱼类的粪便和水草腐烂的叶片、组织都会产生腐殖酸，使水的 pH 值下降。

人工向水中输入二氧化碳，就等于输入了大量碳酸，pH 值会下降，当水中碳酸达到饱和的时候，pH 值下降才停止。

pH 值与水的硬度有很大的关系。比如，在含有大量钙、镁离子的水中加入降低 pH 值的药物，水的 pH 值会被暂时降低，但不久后又会上升。这是因为水中的钙、镁离子呈碱性，会提高水的 pH。如果在纯净水中加入降低 pH 值的药物，pH 值很快就会大幅降低，而且

不反弹。如果水中有含大量钙质的东西，不论怎样都无法得到稳定的酸性水。

硝酸盐、磷酸盐、亚硝酸盐呈微酸性，当水中营养盐过多时，水的 pH 值很难得到提升。

酸碱度对水草生长的影响

水的 pH 值对水草的正常生长有重要作用，合理而稳定的 pH 值是栽培好水草的关键之一。

除少数水草外，大多数水草需要弱酸性的 pH 环境。太阳草、谷精草、艾克草等非 pH 值低于 6.8 不能生长。pH 值高于 7 时，这些水草因水的碱性过高而无法正常进行光合作用和吸收作用，从而导致枯萎死亡。当 pH 值在 5.5 ～ 6.5 的时候，它们的吸收作用明显充分，生长速度

二氧化碳融入水中形成碳酸，降低了水的酸碱度

加快。如果 pH 值过低，水草也会因为水质过酸而停止生长。

有些水草对水的 pH 值波动非常敏感，比如牛顿草、印度黄玫瑰草等，一旦水的 pH 值有轻微波动就会停止生长，茎变成黑色而死亡。

关于各种水草对 pH 值的适应范围，本书将在品种介绍时进行说明。这里要强调，调整水的 pH 值不能急于求成，每天最多只能降低 0.2 个 pH 值，否则对鱼和水草都可能有致命的伤害。

硬度（dH、kH）

水的硬度是指水消耗肥皂的能力。从理论上说，这包括除钙离子（Ca^{2+}）、镁离子（Mg^{2+}）以外的所有金属离子，如铁离子（Fe^{2+}）、铝离子（Al^{3+}）、锰离子（Mn^{2+}）、锶离子（Sr^{2+}）等离子构成的硬度，称为总硬度（dH）。由 Ca^{2+} 造成的硬度叫做"钙硬度"（HCa），由 Mg^{2+} 造成的硬度叫做镁硬度（HMg）。生活用水中其他离子的含量很少，一般淡水的硬度是由钙、镁离子硬度（kH）含量决定的。

在天然水中，Ca^{2+}、Mg^{2+} 可以形成碳酸盐、重碳酸盐、硫酸盐、氯化物而存在。由前两种形成的 Ca^{2+}、Mg^{2+} 造成的硬度称为"碳酸盐硬度"。其中 Ca^{2+}、Mg^{2+} 重碳酸盐在水煮沸后，即分解成碳酸盐沉淀，析出除去，故相应的硬度又称为"暂时硬度"。由后两种形式 Ca^{2+}、Mg^{2+} 构成的硬度则称为"非碳酸盐硬度"，虽经煮沸仍不能除去，故又名"永久硬度"。碳酸盐硬度与非碳酸盐硬度之和，称总钙镁离子硬度（dkH）。

硬度的常用单位有 3 种："毫克当量／升"、"毫克 $CaCO_3$／升"、德国度（1° ＝10 毫克 CaO／升）。本书中采用德国度方式计量硬度。0°～4° 称为极软水，4°～8° 称为软水，8°～16° 称为中等软水，16°～30° 称为硬水，30° 以上称为极硬水。各地的自来水硬度略有差别，一般南方软、北方硬。有一个很简单的水源硬度观察办法，即肥皂在硬水中产生的泡沫非常少，而软水中产生非常多。

硬度的测试可以用测试剂来完成，调整水的硬度比调节酸碱度繁杂。

提高硬度相对容易，可以向水中添加钙离子和镁离子，比如氯化钙、硫酸镁等。降低硬度就比较麻烦了，理论上讲，只要降低了水的 pH 值，硬度也会逐渐下降，但实际上这个效果不明显。目前最有效降低硬度的办法是通过离子树脂交换，将水中的重金属离子去除；或者使用纯净水机。

家用纯净水机（RO 机）和软水机是通过离子交换方式，将水中的钙、镁离子带走。因此，纯净水是一种零硬度的水。家用软水机产出的水的硬度根据使用目的和机器性能有所不同，一般可能是零硬度水，也可能是极软水或软水。人长期饮用零硬度的水会影响消化系统，也会造成一定程度的缺钙，所以家用直饮水机所生产的水不一定是软水。使用软水养鱼和水草，带来的最直接的便利是水族

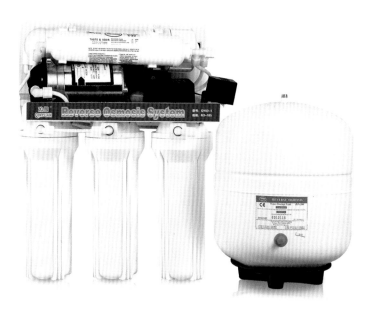

上图：家用纯水机

右图：软水树脂

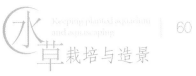

箱边缘没有水垢，而使用自来水，水族箱边缘很快就会凝结大量的水垢。

影响硬度的因素

影响水硬度的条件很多，其中包括换水、底床、水的 pH 值，以及大多数能够影响 pH 值的条件。减小水族箱中硬度的波动，就要尽量避免在水族箱中安放含有钙、镁离子的物质。

硬度对水草生长的影响

水的硬度也直接影响水草的正常生长，绝大多数水草喜欢软水，有一些需要极软水才能生长。少数水草能适应硬水，但是没有水草能在零硬度水和极硬水中生长。水的硬度影响水草体内营养的合成以及水草的吸收作用。在硬度过高时，水草体内液体电解质失衡，水草无法正常生长。硬度过低时，水草会因为缺钙而导致叶片腐烂，停止生长。将水草从软水中迅速移植到硬水中会马上死亡，所以水的硬度波动不能太大。

不同水草对水硬度有不同的需求，关于此项，会在水草品种介绍中说明。

如何调节水硬度

市场上调节水硬度的药水很多，但使用药水只是一种无奈的办法。更好的办法是掺入纯净水、蒸馏水、雨水等低硬度水，来降低自来水的硬度。如果想调高水的硬度，直接加入一定量的自来水就可以了。所有水草栽培水族箱所需的硬度指标不需要用药品提高的操作。

导电度（TDS）

导电度就是物理中经常用到的"电导率"。由于水中含有各种盐类杂质（如钙、镁的盐）并以离子形式存在，当水中插入电极时，带电的离子就会产生移动，这样就会使水产生导电作用。水的导电能力的强弱称为水的导电度。导电度与水的硬度、洁净程度和营养盐含量有关。纯水的导电度是 0，中等硬度的自来水导电度一般在 100 左右。当水被放入水族箱后，导电度开始上升，这是因为随着鱼

的生活，水中的杂质、硝酸盐、磷酸盐等营养盐在不断增加。

因此，监测水的导电度可以简洁地得到水的硬度、营养盐含量等指标。比如在选择水源上，导电度高于 100 的水就不适合直接用来栽培水草，那样的水硬度太高了，或者含有盐分。当把导电度低于 50 的水放入水族箱，导电度升到 150 以上后，就应当考虑换水了。因为这时要么是水中的可溶性钙将水的硬度提升了，要么是水中有太多水草吸收不了的营养盐。

水草水族箱内，水的导电度一般控制在 30 ～ 85 比较合理，这个时候水呈现弱酸性，硬度比较低，水中的营养盐也基本可被充分利用。导电度表在很多水族店里都可以买到，价格不高，是非常实用的器材。

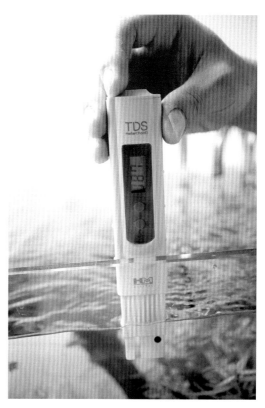
用导电度笔测试水的导电度

混合用水

由于水草对水质的要求比较严格，所以早期很多水草是无法养活的。只有一些有经验的人或科学工作者才能掌握水草的栽培技术，而这个技术的关键就是水源的获得。我们现在不用依靠实验室和化工厂就可以获取不同硬度、酸碱度、导电度的水了。因为家居科技的发展，使很多原本工业使用的仪器进入了普通家庭。

纯水机的引入是一个革命，这大概是十多年前的事情，从那时开始，栽培大多数水草不是什么难事了，即使是对那些毫无经验的朋友。

现在最常见的水草栽培水来源是混合水，也就是将自来水和纯净水经过一定的比例混合在一起的水。这种水既保留了一定的钙质，又可以随意调控成需要的硬度。纯水机在处理水的同时，还去除了自来水中的营养盐、重金属离子等，使水变得方便而安全。

混合水的比例因水草品种不同而有差别，一般是根据水草对硬度的适应范围而调配。此时还要考虑底床带来的少量钙质。比如将硬度为 0 的纯净水注入铺设有泥丸、沙子的水族箱，一日后测得水的硬度不再为 0，这是因为底床中的钙质溶解到了水中。当然，这种溶解量非常少，但对于需要极低硬度水的水草来说，是要考虑进去的。根据水草爱好者们总结的栽培经验，自来水和纯净水的调配比例大概有如下几种（以自来水硬度约为 12 为例）。

① 栽培榕草、皇冠草、辣椒草等大多数天南星、泽泻类，以及水兰、金鱼藻、蜈蚣草等适应性很强的水草，可以直接使用曝气后的自来水（曝气，即用气泵向自来水中打气，6 小时后水中残余的氯释放完，再用来栽培水草。氯是用来给自来水消毒的药物，残余的氯对鱼和水草有害）。

② 栽培辣椒榕草、丁香类、蕨类、莫丝等，使用 30% 纯净水、70% 自来水。

③ 栽培大红梅、插住花、百叶草、红蝴蝶、宫廷草等，使用 50% 纯净水、50% 自来水。

④ 栽培小红莓、牛顿草、挖耳草、南美小圆叶等，使用 70% 纯净水、30% 自来水。

⑤ 栽培太阳草、谷精草、红太阳草等，使用 90% 的纯净水、10% 的自来水。

当然，以上调水比例只供参考。栽培者要根据所在地的水质情况和所栽培的水草状态而适当调整。最重要的是要理解栽培水草时对水化学各指标调整的意义。

第七课　小问题与大麻烦

以上六课讲述了栽培水草前必须掌握的知识，本课要讲的问题是在水草栽培过程中会遇到的各种问题。这些问题有的很小，即使不解决也无大碍。有的很严重，如果解决不好就会使水草全军覆没。

水温的控制

50年前，人们如果想在寒冷的冬天饲养热带鱼和水草是非常麻烦的事情；20年前，炎热的夏季就是水草水族箱的噩梦。今天，不论何时我们都能将水族箱中的温度自动控制在合理的范围，这就是生活的进步。

水草到底需要怎样的水温环境？这是一个很简单的问题，虽然有些水草喜欢偏低的水温，有些喜欢偏高的水温。但归根结底，20～26℃是它们能适应的范围。在这个温度范围内，所有水草都能成活，大多数能健康生长，只有极少数可能会失去原本鲜艳的颜色。

水温控制在冬季更容易一些，用根加热棒放在水族箱中，调整到25℃就完工了。加热棒的选择是按照每升水1瓦的功率。比如水族箱容积200升，那么选择200瓦的加热棒。当然，加热棒没有那么费电，它们只在水温不够的时候开启，其余时间自动关闭。

夏季为水族箱降温是相对复杂的事情，在栽培水草的爱好者中很少有人使用冷水机，因为它会额外向空气中释放热量。冷水机的制冷原理和冰箱、空调一样。一般连接在过滤器的回水管路上，水通过冷水机制冷后流回水族箱。一般容积200升的水族箱应使用1/2P功率的冷水机。

为了减少向空气中释放热量，很多人选择风扇作为水草水族箱的降温设备，风扇传送出风，吹动水面，水的蒸发速度上升，带走更多的热量。夏季室温在30℃以下时，一个容积200升的水族箱上安装一个35瓦的风扇24小时吹动水面，可以将水温控制在26～27℃。当室温上升到32℃的时候，风扇能将水温控制在28℃以下。这种控温范围，基本满足了栽培水草的需求，而且比较节能。风扇降温的弊病也很多，比如蒸发量大，需要每天给水族箱补水；噪音大，夜间开启影响睡眠；水温度波动大，不可能像冷水机那样把水温控制得很精确。

换水的频率

传统概念中，养鱼必须换水，换水就是将鱼粪抽出来。目前还是有很多人问我，水草生长茂密的水族箱中，鱼的粪便怎样抽出来？

即使水很清澈，也必须定期换水。换水是为了带走水中过多的营养物质，加入消耗殆尽的矿物质，促进水族箱生物系统新陈代谢

其实，在过滤系统部分我们已经说过了，鱼粪便并没有什么危害，主要危害是因粪便分解而产生的氨。在没有过滤器的年代里，如果不将粪便及时抽出，水中的氨就会大幅增加。过滤器的置入使我们不必那么在意鱼粪便的问题，况且水草水族箱中饲养的大多是排泄量很小的小型鱼。

在水草水族箱中，换水的真正目的是减少过多的营养盐，置入消耗殆尽的微量元素。一些有经验的人认为：如果将水质控制得很好，水草水族箱完全可以不用换水。当然，不换水是一种理想模式，我们大多时候是办不到的。

水族箱中的水一旦养了水草和鱼，水中的硝酸盐就会不断增加，虽然水草本身会消耗一些，但随着时间的推移，硝酸盐会越来越多。当硝酸盐浓度超过 150 毫克／升的时候，水中的鱼类开始有不适现象，硝酸盐浓度超过 200 毫克／升时，鱼会频繁出现白点病，而水草也会因为电解质不平衡而开始生长缓慢，甚至枯萎。此时就需要换水了。

水草每天都在消耗水中的微量元素。这些微量元素，有些我们已经研究清楚，并生产了相应的补充剂、肥料，可以定期添加。有些对于现在的我们来说还是奥秘，我们不太清楚，特别是那些产地单一、得来不易的名贵水草，它们对水中的矿物质往往有特殊要求。对此，最好的办法是换水。新水（自来水）中含有丰富的不可测矿物质，换水的同时加入了这些物质，可以维持水草的健康。

那么，多久换一次水呢？每次换多少呢？换水的频率通常是前期多、后期少，前期频、后期缓。在水草刚种植的前几周里，由于它们还不能充分利用水中的营养盐，水族箱中营养盐的含量通常会持续升高，如果不用换水来稀释过多的营养盐，则藻类会大肆生长。因此，在种植前期，换水的频率应该多，换水量应当大一些，可以每周换 2～3 次水，每次换水族箱总容积的 1/3～1/2。7～8 周后，水草生长稳定，换水频率和换水量都可以减少，可以控制在每两周换水一次，每次换水 1/4～1/3。换水量不要太少，太少的新水对原水质的调节程度很小，等于没换。

为了控制营养盐的数量，在早期水草对营养盐吸收能力弱的时候，应尽量用纯净水比例高的水来换水。水草生长茂盛后，可以在新水中多添加自来水。

在换水前顺便擦拭水族箱内壁，并修剪水草的老叶、烂叶，换水时用虹吸管一同抽出。

左图：丝状藻类暴发后的危害

右图：绿色单细胞藻类附着在水草叶片上，使水草无法进行呼吸和光合作用

藻类的危害

藻类一直是水草水族箱的最大危害，从单细胞的浮游藻类到纤细的丝状藻类，再到坚韧的黑毛藻，都在不停地摧毁着一个又一个水草水族箱。

水草水族箱藻害出现的频繁期是刚刚建立后的 8 周内，这时水草的生长没有达到旺盛期，很多水草由于环境的突变正处于适应阶段。如果此时控制不好水中的营养盐含量，藻类就会暴发。藻类一旦暴发，它们会遮盖水草的叶片，使水草不能进行呼吸和光合作用，造成水草大批量死亡。

防止建缸初期藻类危害的办法有如下几点。

（1）建缸初期尽量缩短光照时间

在水草刚刚被种植后，其本身对新水质需要一段时间的适应，适应期少则几日，多则几周。此期间，水草生长缓慢，消耗量小，而且水草的根系没有良好生长，其茎、叶等组织也不是很强健，此时，水草利用不了过多的光。光照时间过长使水草更不容易适应新环境。当水草萎靡不振时，藻类就会大肆泛滥，所以在建缸的初期，应尽量缩短光照时间。比如，每日额定给水草提供光照 10 小时，此时期应缩短到 5 小时，再增加到 8 小时，最后延长为正常光照时间。

（2）不要添加液肥

在新建的水草水族箱中，自来水、底床中的少量营养盐足够新水草根系和叶芽的发育，此时水草消耗很少，额外添加液肥会造成水中营养盐过度，导致藻类泛滥。二氧化碳在新水草水族箱建设初期也不要输入。

（3）有规律的换水

换水可以带走一部分营养盐，建议建缸初期每隔两天换水一次，减少营养盐的堆积。但换水不可无规律性乱换，这样会打乱水草对水质的适应节奏。

（4）不要引入带有藻种的植物和造景材料

自来水中本身携带有少量藻类孢子，多数是单细胞藻类。复杂而顽固的多细胞藻类是通过水草、沉木、底床、岩石等带入水族箱的。在向水族箱中种植水草、放置沉木、沙石时，要检查其上是否有藻类，如果发现藻类，特别是黑毛藻、丝状藻等，要清除后再种植、使用。清除草叶上的藻类可用 0.3% 的硫酸铜溶液浸泡水草 20 分钟。清除岩石、沉木上的藻类可用水煮的方式。

（5）种植一些适应性强、生长速度快的水草

为了减少新水族箱中营养盐的堆积，建议前期先种植一些适应

性强、生长速度快的水草，如水芹、丁香草、珍珠草等。这些水草飞快的生长速度可以消耗水族箱前期过剩的营养盐。如果水族箱中全部种植的都是适应性差、生长速度缓慢的水草，则很容易在前期遭到藻类的危害。

（6）暂时不要养鱼

鱼类的排泄物会增加新水族箱过滤系统的负担，产生更多的营养盐。建缸前期，水质的波动还会造成鱼类疾病和死亡，增加护理难度。种植水草后，马上放入鱼是非常不明智的选择。

水草正常生长后，藻害的预防

当水草正常生长以后，藻类的暴发性灾害就很少发生了。不过，如果水族箱的光照比较强，讨厌的褐藻和丝状藻还是会伴随水草生长而生长，当它们生长到一定数量后，就会引发灾难。在栽培水草的过程中，必须要时刻注意藻害的预防，预防措施有如下几点。

（1）引入除藻生物

鱼类中的清道夫、青苔鼠、小猴飞狐、一线飞狐、小精灵等都是吃藻类的生物，在水族箱中应当选择性引入饲养。清道夫、青苔鼠和小精灵可以清除一定量的单细胞藻类，小猴飞狐和一线飞狐还可以清除少量的丝状藻类。

大和沼虾、黑壳虾等小型淡水虾是很多藻类的克星。大和沼虾可以清除丝状藻，黑壳虾可以清除很多水草叶片上附着的藻类。

除藻生物虽然好，但不宜引入过多。鱼类大多有领地意识，引入过多会因为争抢领地而争斗不休，造成伤害、死亡。虾类密度过大时，一只虾蜕壳时无处躲藏，其他虾就会将其吃掉。除藻生物在水草水族箱中的作用，只是预防藻类的快速生长，它们在稳定的水族箱中能锦上添花。在已经遭到藻类严重危害的水族箱中，它们大多爱莫能助。

（2）合理控制光照时间和二氧化碳的输入

前面谈过，光和二氧化碳的使用应合理控制，不可滥用。水草水族箱每日的光照时间不要超过 12 小时，输入二氧化碳的时间不超过 8 小时。

（3）关闭照明设备后添加液肥

藻类对营养的吸收全天都可以进行，但高等植物只有在晚上才进行。在提供光照的时间段向水中添加液肥，大部分会被藻类消耗。而夜间，藻类对肥料的吸收不再占有优势，关闭光

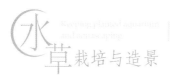
源后添加肥料，可以有效控制藻类的生长。

（4）定期换水，手工清理藻类

定期换水的好处很多，前面也谈过。特别是清理藻类方面，每次换水时，可将结成团的丝藻用虹吸管吸出来，减少水中的藻种。

（5）控制鱼的喂食量

鱼类的饲料中含有许多含磷化合物，饵料的残留和鱼类的排泄会增加水中磷酸盐的含量。藻类对磷酸盐的需求比水草高，控制磷酸盐的沉积能有效控制藻类的滋生。鱼是很不容饿死的动物，特别是在微生物繁多的水草水族箱中。如果不是想让鱼生长很快，一周喂鱼两三次就足够了。

（6）适当的药物控制

现在，有些朋友采用药物控制的方法来控制藻类的蔓延，常用的药物是戊二醛（$C_5H_8O_2$）。

戊二醛控藻方法一般在容积小于 100 升的小型水族箱中使用，大型水族箱使用这种方法效果不明显。其用法是每 40 升水中加入 5 毫升浓度 2.5％ 的戊二醛溶液，在光源开启后添加。戊二醛可以阻止藻类蛋白的合成，进而抑制藻类生长。适量的戊二醛还可以增加水中二氧化碳的含量，促进水草光合作用。其反应方程式如下：

$$C_5H_8O_2 + 6O_2 = 5CO_2 + 4H_2O$$

戊二醛具有挥发性，并对人体有害，弄到眼睛里要马上去医院，弄到皮肤上也要赶快用清水冲洗。过量使用戊二醛会造成鱼虾的死亡；另外，戊二醛在抑制藻类生长的同时，对莫丝的生长也有影响。

藻类暴发后的应对措施

如果你没有控制好水族箱的环境，已经造成了藻类暴发，那该怎么办呢？假如大批水草已经开始死亡，那就把它们都拔了，清洗沙子、全部换水后重来吧。如果多数水草还活着，而且在奋力生根，那就有救。其补救方法有如下几种。

（1）生物灭藻

当藻类大暴发时，一次引入大批虾可以在 2 日内将草叶和岩石上覆盖的藻类基本清理干净。虾类进入水族箱后会疯狂摄食藻类，只要数量够多就能迅速完成任务。需要多大的数量呢？容积 100 升的水族箱中，至少要一次放入 200 只虾。如果藻类很严重，就要把数量增加一倍。虾类在高密度的情况下死亡率很高，当它们完成清理任务后会纷纷死亡。一般只能存活 1/10 左右。要及时清理出死虾，不然尸体腐烂，败坏水质，藻类还会蔓延起来。

使用虾类除藻可以在 2 天内见效，之后要配合减少光照、全部换水的辅助方法。恢复一段时间后，水草会重新开始生长。

清道夫鱼可以吃掉少量玻璃壁上的藻类

（2）药物灭藻

使用药物灭藻是最常用的办法，不过药物对鱼、虾和水族箱中的其他生物并不安全，有些药物还会影响水草的生长。灭藻药物在市场上可以很容易买到，其成分可分为硫酸铜类和戊二醛类。

硫酸铜具有强力的杀藻除虫效果，是以前广泛使用的鱼药，现在在食用水产养殖方面已经禁止使用，但水族箱使用并未限制。

铜离子是重金属离子，其进入水中后，会抢在镁离子、钠离子与藻类的叶绿体结合之前与其结合，阻止藻类的光合作用，造成藻类死亡。实验证明，硫酸铜对杀灭丝状藻、褐藻有很好的效果，但对黑毛藻的杀灭效果不佳。硫酸铜的安全用量是小于 0.03 毫克／升。硫酸铜含量过高时，会毒死鱼类和其他动物，也会毒死水草。使用硫酸铜灭藻后，要大量换水，稀释水中铜离子的含量。

戊二醛的作用前面已经提到。过量使用戊二醛会迅速灼伤鱼类的鳃丝，造成鱼类窒息而死亡。戊二醛对虾和其他无脊椎动物的伤害更大，还会杀死硝化细菌。通常，一次药用完，藻类灭了，水族箱的生命系统也被完全破坏了。

（3）辅助措施

在使用生物灭藻和药物灭藻的同时，必须同时使用一些辅助措施，其中包括换水、减少光照、停止肥料和二氧化碳的添加等。换水可以带走死亡藻类和其他生物造成的大量营养盐，同时在灭藻后稀释药物。减少光照、停肥、停二氧化碳都是为了不再让藻类"死灰复燃"。

鱼类的搭配

水草水族箱中鱼类的搭配一直是饲养者最关心的问题，毕竟买一个水族箱不养些鱼，似乎说不过去。对于大多数人来说，单纯的养水草还不如养些花有意义。水草水族箱的迷人点就在于动物与植物的和谐生活，这一点是其他饲养、种植活动很难达到的。早期，人们用水草来为鱼做配饰，而现在的水草水族箱中，养鱼是为了点缀水草。

现在的观赏鱼品种非常多，至少有 1000 种，真正适合点缀水草水族箱的品种仅有几十个，其中包括了小型脂鲤类、小型鲤类和为数不多的小型慈鲷。前两类统称为灯鱼，小型慈鲷被称为短鲷。神仙鱼和一些性情温顺的中型观赏鱼只在特定的大型水草水族箱中才能很好的生长。

要想作为水草水族箱中的点缀鱼，必须符合以下条件。

(1) 不吃草

水草水族箱中当然不能饲养吃草的鱼类，比如金鱼、锦鲤就不成。一些中小型脂鲤也有吃草的习惯，比如银屏灯鱼，虽然叫做灯鱼，但非常喜欢啃咬植物的嫩芽。在购买鱼前，要充分了解鱼的习性，以免错误引入食草鱼类。

(2) 个体小

水草水族箱中一般不饲养体型过大的鱼类，只饲养体长小于 10 厘米的热带鱼。体型小代表了这种鱼吃得少，排泄少，不会为水族箱中制造太多的营养盐。大型鱼也有吃得少的品种，但它们游泳的力度太大，容易伤害到纤细的水草。从审美上讲，大鱼在水草丛生的水族箱中也显得格格不入。

(3) 没有挖掘的习惯

不少鱼类有挖掘沙子的习惯，比如南美洲的食土鲷、大型鲶鱼、一些鳅类品种。这些鱼在水草水族箱中会将水草连根拔起，终日让水族箱内浑浊不堪。

(4) 不容易生病

饲养在水草水族箱中的鱼不容易得病，那是因为水草水族箱的水质相对稳定。一旦患病，就无药可医。茂密的水草使我们无法将鱼捕捞出来治疗，脆弱的水族箱生态系统也禁不起鱼药的"洗礼"。所以，不要选择那些娇气的鱼，它们在水族箱中很可能因为一次流行性疾病就全军覆没了。

(5) 喜欢弱酸性软水

大多数水草需要栽培在弱酸性软水中，搭配饲养的鱼也应当喜欢这种水质环境。比如南美洲和东南亚产出的灯鱼。喜欢弱碱性硬水的鱼（比如非洲慈鲷）如果和水草饲养在一起，要么鱼出问题，要么草出问题。

(6) 最好成群活动

在茂密的水草丛中，单独游戏的鱼固然美丽，但最美丽的还是成群活动的鱼类。它们一股脑儿地游到这里，再一股脑儿地游到那里，成群结队在水草丛中穿梭，情景真是美不胜收。

几十年来，人们不停地实验各种鱼饲养在水草水族箱中的效果，其中有一些堪称经典。

宝莲灯鱼 *Paracheirodon axelrodi*

帝王灯鱼 *Nematobrycon palmeri*

水银灯鱼 *Hemigrammus rodwayi*

头尾灯鱼 *Hemigrammus ocellifer*

红光管鱼 *Hemigrammus gracilis*

火兔灯鱼 *Aphyocharax rathbuni*

红鼻鱼 *Hemigrammus bleheri*

绿莲灯鱼 *Paracheirodon simulans*

黑扯旗鱼 *Megalamphodus megalopterus*

红印鱼 *Hyphessobrycon erythrostigma*

柠檬灯鱼 *Hyphessobrycon pulchripinnis*

喷火灯鱼 *Hyphessobrycon amandae*

火焰铅笔鱼 *Nannostomus mortenthaleri*　　红肚铅笔鱼 *Nannostomus beckfordi*

红尾玻璃鱼 *Prionobrama filigera*

刚果霓虹鱼 *Phenacogrammus interruptus*

黑灯鱼 *Hyphessobrycon herbertaxelrodi*

迷你灯鱼 *Hasemania nana*

拐棍鱼 *Papiliochromis ramirezi*

玫瑰扯旗鱼 *Hyphessobrycon serpae*

玫瑰鲫鱼 *Puntius conchonius*

虎皮鱼 *Puntius tetrazona*

斑马鱼 *Danio rerio*

樱桃鲫鱼 *Puntius titteya*

黄金条鱼 *Barbus schuberti*

蓝三角鱼 *Rasbora heteromorph*

长虹灯鱼 *Rasbora pauciperforata*

金丝鱼 *Tanichthys albonubes*

一眉道人鱼 *Puntius denisonii*

青苔鼠鱼 *Gyrinocheilus aymonieri*

黑线飞狐鱼 *Crossocheilus Siamensis*

巧克力娃娃鱼 *Carinotetraodon travancorius*

小猴飞狐鱼 *Crossocheilus reticulatus*

珍珠鼠鱼 *Corydoras sterbai*

小精灵鱼 *Otocinclus affinis*

熊猫鼠鱼 *Corydoras panda*

蓝美人鱼 *Melanotaenia lacustris*

珍珠燕子鱼 *Pseudomugil gertudae*

霓虹燕子鱼 *Pseudomugil furcatus*

石美人鱼 *Melanotaenia boesemani*

水草水族箱中泛滥的螺蛳以及水草叶片
背面的螺蛳卵

讨厌的螺蛳

在野外和水草养殖场里，螺蛳作为水草伴生的小动物，数量十分庞大。在购买水草的时候，一不经意就会将它们带入。有些人还在店里购买诸如苹果螺这样的小动物，饲养在水草水族箱中。适量的螺蛳可以帮助清理水草叶片上的藻类，但它们是不安分的动物，可以营单性繁殖。只要水族箱中有一只，数月后就能发展到成百上千。密密麻麻的螺蛳在水草叶片、沉木、岩石上爬着，虽然没有什么害处，但看上去十分恶心。

当水族箱中有一两个螺蛳的时候，我们还会时不时地为这种没有花钱就引入的小生物而感到高兴。直到这些螺蛳繁殖到庞大的数量时，我们才发现要想控制它们的生育真是非常难的事情。用手抓，你抓出多少，次日似乎就长出多少。

清除螺蛳首先要重视预防螺蛳的引入，在购买水草的时候要注意观察上面有没有螺蛳和螺蛳卵，如果发现要先清除卵，再种植到水族箱中。不要一时心动购买什么苹果螺之类的小动物，更有一些观赏螺是吃水草的，不能饲养在水草水族箱中。

如果水族箱中的螺蛳已经泛滥，那么要不你就得忍着，要不就得杀灭它们。杀灭螺蛳的药物实际上也是硫酸铜类药物，因为软体动物比鱼类脆弱，使用一定的剂量可以杀死螺蛳但对鱼无害。不过，药物一般只能杀死螺蛳成体，对螺蛳卵效果不大，所以要多次使用，才能杀得彻底。残留的药物对水草和硝化细菌有害，杀螺后要通过换水来稀释药物。

被称为巧克力娃娃的淡水豚鱼，可以吃掉小个体的螺蛳。一般为了预防螺蛳泛滥，小型水族箱中都饲养几条。这种鱼对大型螺蛳和螺蛳卵也是无能为力，而且要想让它们杀螺蛳，就必须饿着这些家伙。如果每日一顿的喂养，它们吃饱了就不干活了。

第八课　平衡法则

以上七节课是栽培水草前必须了解的知识，把这些知识融会贯通的使用是栽培好水草的法宝。总结起来就是通过各种手段，维持水族箱中的平衡。

平衡对于水族箱内生物的健康是至关重要的，虽然我们讲了过滤、光照、肥料、酸碱度、硬度等多项知识，但这些知识都不是独立存在的。也就是说，在一个水族箱中，它们必须被你控制得有条不紊，平衡有序。当它们通力合作的时候，水草水族箱最美的一面就展现出来了。

比如：在光照充足的情况下应当适当增加二氧化碳和肥料的供给，而此时水草生长旺盛，即使水的硬度、酸碱度有少许波动也无大碍。当强光下，水草得不到合理的肥料和二氧化碳供给时，水质的轻微波动对它们影响很大，因为它们现在很脆弱。

一些朋友的水族箱中从来没有人工输入过二氧化碳，水草虽然长势不快，但很健康。而有一天，突然追赶时髦购买了二氧化碳设备，给水族箱中输入二氧化碳，水草却开始萎缩。这是因为，原本的生态系统已经相当平衡，饲养者置入了一个新的元素而打破了平衡，于是水草就感到不适了。

有些人总怕自己的水草长得慢，长不好，拼命地用好东西，买好的器材使用，每天不惜成本地向水族箱中输入二氧化碳，加的肥料也是世界名牌，而且两三周就用掉一瓶。结果呢，水草生长并不好，还不如那些什么也不用、什么也不添加养出的水草。这就是太过的重视往往改变了事物原本具有的平衡模式，使事物彻底崩溃。

往往不是最贵的就是最好的，购买和栽培水草要根据自己的情况而定。如果是上班族，就选择一些对光照、肥料要求低的水草，虽然它们不那么"火爆"，但作为下班后调解心情的生活小品还是足够的。如果是学生，就可以选择实验性比较高的品种，用一些自制的器材来栽培，充分体会科学的快乐。如果既有钱又有时间，也不必追求所有器材都是最好的，只有尽量维持水中各指标的平衡，水草才会旺盛生长。

肥料、光线、水质相对水草来说，就好比人类食物中的肉、菜、粮食。哪样吃多了也不成，哪样老不吃也不成。如果一不留神吃多了肉，那就多吃几天菜；假设清素了半个月，也不要一下子吃半个肘子，可以先喝些肉汤，让身体适应下再"开大荤"。这就是平衡，万事万物都需要平衡，水草的栽培也不例外。

第三章　水草品种风云史

前

不久喜欢慈鲷的朋友告诉我现在大型的马拉维湖慈鲷很火，价格很高，而我记得去年的时候还是坦干伊克湖中的底栖类火爆。爱好七彩神仙鱼的朋友说现在红眼类的并不被重视，前两年它们是非常昂贵的高级品种。水族行业啊，总是那么变幻莫测。和所有的休闲娱乐类活动一样，水族箱饲养也是皇帝轮流做，你方唱罢我登场。水草栽培是水族箱爱好的一个类别，自然也逃不出这个规律。

人类栽培观赏水草大概有150年的历史，在这150年里，除了栽培技术的不断提高外，各种各样的水草也轮番登场，演绎了一部"水草风云史"。

接下来，本书将按出现年代顺序介绍100多种水草，当然，现在市场上能见到的观赏水草品种很多，大概有400～500个品种，如果把那些个人收藏类和边缘化的水生植物也算上，肯定要超过1000种了。本书受篇幅所限，不能全部介绍。有些水草的形态和栽培方式也基本相同，如果全部写出来，难免重复。我只挑选了100多种具有代表性的品种。关于本书没有涉及的品种，可以参考书内介绍的类似品种。比如水兰就分为美洲水兰、澳洲水兰、虎斑水兰等，而本书只介绍了大水兰和小水兰，其他水兰的地区种与它们基本类似。

如果读者想了解更多品种的水草，可利用手机下载馨水族App客户端，需要的朋友可以去那里查询。

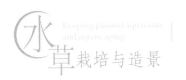
一、本章图标说明

难易度指标

关于该水草种植、栽培难易度的说明，分为 10 个等级，1 为非常容易，10 为极难。水草种植、栽培的难易度由水草本身的适应能力决定。对水质、水温、光线适应范围狭窄的品种，种植起来要难于适应性广泛的水草。另外，大多数挺水植物和水缘植物被栽培在水族箱中后，因为人为改变了其自然的生长环境与生长形态，栽培难度普遍高于沉水性植物和漂浮性植物。

栽培温度

单位为摄氏度，表示该品种水草所适应的水温范围。大多数水草在 18 ～ 28℃ 范围内能良好生长。自然分布在寒温带、高原湖泊中的水草则需要低于 26℃ 的水温。一些热带品种，比如泽泻类、天南星类，对最低水温的要求是 20℃ 以上。本书中标注出的温度范围是水草正常生长的范围，并不是说高于或低于这个温度范围水草就会死亡，大多数水草在水温过高或过低时会进入休眠状态。只有极高或极寒冷的温度才会造成水草死亡，比如 10℃ 以下和 40℃ 以上的温度。

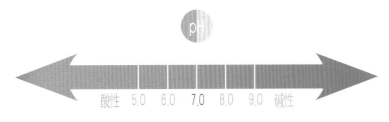

酸碱度适应范围

酸碱度也称 pH 值，是栽培水草水质的重要指标，大多数水草喜欢生活在弱酸性水质环境中。通常能适应 6.0 ～ 7.8 的 pH 值。只有极少数水草喜欢弱碱性水质。对酸碱度的适应范围是否广泛，也是考量水草难易养程度的指标，能适应广泛 pH 值变化的品种都是容易栽培的品种；反之，对 pH 值适应范围越小的品种越难栽培。

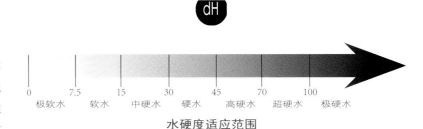

水硬度适应范围

表示水草对水硬度的适应范围，本书中所标硬度单位采用的德国度的计量方式 [1 硬度单位表示10万份水中含1份CaO（即每升水中含10 毫克CaO），$1°=10×10^{-6}CaO$]。大多数水草喜欢极软水和软水，只有很少的水草品种喜欢硬水。能适应硬水的水草通常在软水中也能生长，而只能适应软水的水草在硬水中不能存活。

现在得到软水的办法是使用家用纯净水机生产的纯净水，纯净水是一种极软水，可以适当混合自来水来使用。通常家中的自来水硬度都在10°，北方部分地区水硬度可能在30° 左右。在本书中所标注的硬度范围高限值中，高于10° 的品种可以直接用自来水栽培，低于10° 的品种必须使用纯净水混合自来水栽培。高限数值越低，掺入的纯净水应当越多。

弱光　　中光　　强光

光线强弱指标

表示水草对光照的需求，分为弱光、中光、强光。通常光照需求小于800 勒的水草被称为弱光水草，需求在800 ～1500 勒的品种是中光水草，光照需求高于1500 勒的品种为强光水草。实际上还有光照需求高于2500 勒的超强光水草，由于超强光水草在强光下也能很好生长，所以没有单独标示。换算光照度指标非常麻烦，在三种光照强度指标参照上，本书给出一个经验性的办法，即在长度100 厘米、高度45 厘米、容积200 升的水族箱上安装2 盏36 瓦普通荧光灯管为弱光栽培环境，安装3 盏为中光栽培环境，安装4 盏以上为强光栽培环境。更大或更小的水族箱可以按此规律换算。

通常，中光水草的适应能力最强，在强光和弱光下都能生长，只不过生长速度有差异。纯粹的弱光草进入强光环境后会枯萎死亡。强光草在弱光环境下会叶片脱落，进入休眠状态。

后景　　　　中景　　　　前景

植株高矮指标

表示水草植株的高矮，通常在水草造景中，较高的水草作为后景草，而矮小或匍匐生长的水草作为前景草种植。此处给出的后景、中景、前景草说明只作为水草高度参考，饲养者在水族箱中种植水草的位置，要根据自己水族箱的大小来定。比如高度在15厘米左右的簀藻，在100厘米长的水族箱中应当作为中景草种植，而在40厘米长的小水族箱中应当成为后景，在200厘米以上的大型水族箱中可能作为前景草种植。

二氧化碳输入指标

表示栽培该水草是否要人工向水族箱中输入二氧化碳。为不需要人工输入；为输入或不输入均可；必须人工输入二氧化碳。

是否人工向水族箱中输入二氧化碳是由所栽培水草对酸碱度的适应能力、生长速度和对二氧化碳消耗能力决定的。

其中，不需要人工输入二氧化碳的品种是那些非常容易栽培的水草，它们生长速度很快。如果人工输入二氧化碳的话，它们会生长太快，让你终日不停修剪，并影响其他水草。有些水草在生长太快后，还会失去原本鲜艳的颜色。

输入或不输入均可的水草，是一些生长速度中等、对水质不太敏感的品种。人工输入二氧化碳对它们来说是锦上添花的事情，即使不输入，它们也能很好地生长，输入后会生长得更好。

必须人工输入二氧化碳的水草品种是那些需要酸性水质，并且对光线要求很高的品种，比如谷精类、簀藻和大多数红色插茎类水草。它们需要二氧化碳形成的碳酸把水变成酸性，而且在强光栽培环境下，如果二氧化碳摄入不够，它们就会生长畸形。将这些品种栽培在没有人工输入二氧化碳的水族箱中，它们会休眠、停止生长、落叶，乃至枯萎死亡。

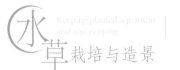
二、最初那些年——水兰、眼子菜和金鱼藻时代

人们最早栽培水草的目的很简单，就是为了装饰养鱼的鱼缸。早在19世纪，欧洲人就开始饲养采集于新大陆（南美洲）的热带观赏鱼，并在鱼缸中种植水草作为点缀。逐渐，有人提出了水草能为鱼提供氧的论点，于是在鱼缸中栽种水草就变成了很热门的事情。但那时人们的栽培技术不高，水族器材也很少，所以只能栽培一些容易栽培的品种。由于当时的物种识别和活体植物运输能力都很低，人们只能靠到离家不远的天然水域中捞取野生水草作为种源。水族饲养爱好是从欧洲和亚洲的温带、寒温带地区发展兴起的，因此，最早的观赏水草都是广泛分布在欧亚大陆温带地区的品种，其中最经典的品种是苦草（大水兰）、水车前草、水蕴草（蜈蚣草）和金鱼草。之后，人们把捞自不同地区的水草进行交换，这就是最早的水草贸易。最早在水族箱中单独栽培水草的行为出现在欧洲，1856年前后，欧洲本土所产慈姑、泽泻、莎草、堇菜、水田芥、小三叶草等，已经广泛被栽培在鱼缸中。当时还有人提出了水景观（water show）概念，这一概念最终引发了水草造景活动的诞生。虽然中国人很早就利用虾藻（眼子菜）作为金鱼的产卵巢，但利用完后并不养殖。到了20世纪初期，随着热带鱼传播到中国，人们才开始在玻璃鱼缸中栽种水草。

水鳖科（Hydrocharitaceae）的品种可能是最早栽培利用的水草，看看早期的美术作品和动画就知道，每当有鱼的画面时都忘记不了加上几条绿色的"丝带"，这就是以苦草为原型的艺术水草，可见人们对这种水草的认识很早。

苦草属（Vallisneria）的所有品种在水族领域里通称为水兰，因为它们生长有兰花一样的修长狭窄叶片。它们是最容易栽培的水草，在水族箱中种植不需要特殊的照顾。即使是在阴暗的房间里，只要每天能接受到2小时的散射阳光，水兰就能生长繁殖。水兰被广泛种植的另外一个原因是其分布十分广泛，不论是亚洲、欧洲、非洲、北美洲还是大洋洲都有品种分布，而且外观长相十分相似。它们是全世界人民都能轻易采集到的水草品种，是所有观赏水草的鼻祖。

更有意思的是，这种水草直到现在也没有退出市场，每年仍然有巨大的数量被观赏鱼爱好者所消费。它们确实很优美，在水族箱中随便安插一两株，就可以欣赏到那些绿丝带样的叶片在水中飘逸。它们最适合栽种在饲养神仙鱼的水族箱中，因为它们纵向生长的丝带状叶片，和神仙鱼身上的纵向黑色条纹正好默契地配伍在了一起，十分和谐美丽。神仙鱼的人工饲养有至少200年的历史，水兰也差不多，它们可以算是水族饲养爱好中的经典品种。

水鳖科的眼子菜属（Potamogeton）、虾子草属（Nechamandra）、水花属（Egeria）、水车前属（Ottelia）也是欧亚大陆上分布很广的水草品种。

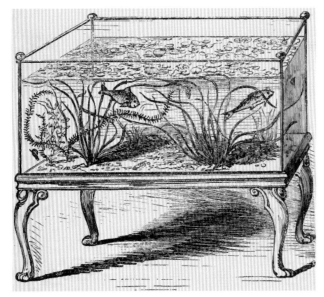

上图：通过版画我们了解到，至少在19世纪初，水兰就被观赏鱼爱好者广泛栽培种植

下图：直到现在，水兰凭借其超强的生存能力，一直是观赏鱼爱好者喜欢种植的水草

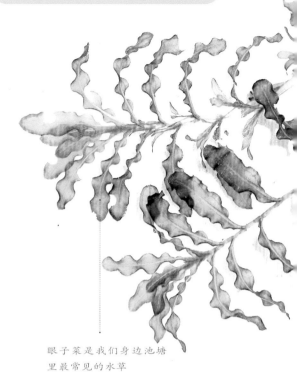

修长的叶片

极度退化的茎

用来繁殖的走茎

繁茂的根系

眼子菜是我们身边池塘里最常见的水草

在水族箱中，平凡的眼子菜可以长得十分优美

它们虽然没有像水兰那样备受重视，但在早期是非常不错的水族箱装饰水草，至少大家不愿意整日看"绿丝带"，时不常地换换口味是有必要的。现在，这些水草已经不能成为观赏水草了，因为它们在河流里的数量实在太多，随着热带水草的引入，这些原住民已经被我们忘记了。偶尔还会有朋友在饲养金鱼的鱼缸里放上一簇蜈蚣草作为装点，也可能在饲养小鱼的圆球形鱼缸中漂浮一小段虾藻，仅此而已了。不论是水草造景还是水生植物收藏爱好，都用不到这些老品种了。就连金鱼产卵的鱼巢，现在也被尼龙纤维绳取代了，眼子菜从此"下岗"。

经过思考就会发现，这些水草全部都是沉水植物，也就是说它们是人们心中真正意义的水草。这就是 100 年前人们养水草的特点，不是沉水植物是不会被轻易引种到水族箱中的。一是当时

大家不认为那些是水草，二是当时的技术也确实养不活。虽然旱伞莲这类的品种也曾经在 1860 年前后的水族箱中出现过，但只作为小型水培植物栽培。

簧藻 (Blyxa) 和水兰等植物不是同时代被引种到水族箱中的，它至少要晚 100 年。之所以放在本部分介绍，是因为它也是属于水鳖科的植物。如果放在后面，很不好分类。实际上，直到水草种植泥丸被发明后，人们才能养活簧藻，所以簧藻的引种时间不会早于 1995 年。簧藻出现的真正意义是作为自然水景风格的造景材料草。因为有细密成簇的叶片，与岩石搭配时，很容易制造出杂草丛生的溪流景观。

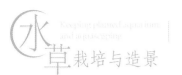

水鳖科 Hydrocharitaceae

大水兰 *Vallisneria americana*

别名：美洲苦草、北美丝兰、大韭菜草　　　自然分布：北美洲东部

基本信息：

非常容易　15～32　6.5～7.5　5～15　弱光　后景

简介：

　　叶长40～150厘米，通常水越深，叶较长，末端呈圆钝形。雌雄异株，雌花由雌株短茎长出，具一细长花柄，花柄常呈弯曲状或螺旋状，花单生、白色。花漂浮到水面完成授粉作用。它是水兰家族的大型品种之一，栽培容易。走茎生殖。

水鳖科 Hydrocharitaceae

扭兰 *Vallisneria natans*

别名：日本苦草　　　　　　　　　　　　自然分布：日本琵琶湖

基本信息：

非常容易　15～32　6.5～7.5　5～20　弱光　后景

简介：

　　叶长15～25厘米，通常随水深而定，末端呈圆钝形，随着生长呈螺旋状。雌雄异株，雌花由雌株短茎长出，具一细长花柄，花柄常呈弯曲状或螺旋状，花单生、白色。花漂浮在水面完成授粉作用。走茎生殖，繁殖力强。栽培容易，繁殖速度快。

水鳖科 Hydrocharitaceae

卷兰 *Vallisneria asiatica*

别名：亚洲苦草 　　　　　　　　　　自然分布：中国、日本

基本信息：

非常容易　　15 ~ 32　　6.5 ~ 7.5　　5 ~ 15　　弱光　　后景

简介：

　　与扭兰外形很类似，尤其幼株非常难以分辨，主要的差异是成株体型明显比扭兰大。草高可达 40 厘米以上，随着生长，原来扭曲的叶片，可能呈螺旋状旋转。需要较强的光照，否则叶片容易黄化，并导致生长不良或枯萎。对肥料的吸收能力强，生长速度快。

水鳖科 Hydrocharitaceae

小水兰 *Vallisneria sp. ralis*

别名：苦草 韭菜草 　　　　　　　　自然分布：欧洲、非洲

基本信息：

非常容易　　15 ~ 30　　6.5 ~ 7.5　　2 ~ 15　　弱光　　前景

简介：

　　叶长 20 ~ 80 厘米，因水深而定，末端呈圆钝形。花单生、白色，漂浮在水面完成授粉作用。有数种变种，其间差异极小，而且它们的生态习性相似。平行走茎生殖，在水族缸中栽培非常容易，在养分充裕的水体中生长极为快速。具有广泛的水质适应能力，在低光量及低肥料的水体中也能生长。

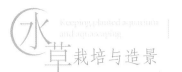

水鳖科 Hydrocharitaceae

水车前草 *Ottelia alismoides*

别名：不详

自然分布：非洲东北部、亚洲东部及东南部至澳大利亚热带地区

基本信息：

容易　20～30　5.5～7.0　2～10　中光　后景

简介：

　　植株高 30～50 厘米，新叶为细长的卵形，成叶变成很宽的心形。会生长三角形花梗，花漂浮在水面，像白色的牵牛花。自然环境下为一年生，在水族箱中整年均可生长，肥料充分的话会开花。在水族缸栽培时需要强光，容易烂叶。喜欢弱酸性软水。叶片薄而脆，容易受伤。

水鳖科 Hydrocharitaceae

蜈蚣草 *Egeria densa*

别名：水蕴草　　　　　　　自然分布：世界各地淡水、半咸水中

基本信息：

非常容易　5～35　5.0～8.0　5～30　弱光　后景

简介：

　　生长在野外时叶片较小，在水族缸栽培者，叶片较大。它的叶色翠绿，叶缘有锯齿状，无叶柄。生命力极强，喜欢较高硬度的水质，耐盐分。在水族缸栽培相当容易，即使照明不足或养分缺乏，它也能继续生存，但叶片会变成半透明状。在适合的环境，生长速度极快，可以插茎繁殖。

水鳖科 Hydrocharitaceae

眼子菜 *Potamogeton distinctus*

别名：鸭子草、水案板、水上漂、苲草

自然分布：欧洲、亚洲的淡水中

基本信息：

非常容易　　2～32　　5.0～7.5　　5～20　　弱光　　后景

简介：

　　多年生草本植物。4月上旬越冬芽发育成新的植株，花期5～6月份，果期7～8月份。果实、根状茎与根状茎上生长的越冬芽繁殖；当果实成熟后，散落水中，由于外果皮疏松贮有空气，因此浮于水面，借水田排灌时传播果实。生于地势低洼，长期积水、土壤黏重及池沼、河流浅水处。适应性强，水族箱中栽培容易，插茎繁殖。

水鳖科 Hydrocharitaceae

虾藻 *Nechamandra alternifolia*

别名：水筛　　　　自然分布：广泛分布在南亚、东南亚和中国西南地区

基本信息：

非常容易　　10～32　　5.8～7.8　　5～15　　弱光　　后景

简介：

　　完全生长在水中，全株柔软得可在水中随水流漂动。具有线形的互生叶，叶缘微有锯齿，叶端尖锐。叶色翠绿，半透明状，但顶叶在强光照射下可能呈现茶红色。越接近底部的节距越长，所以下部叶片少又稀疏，只有上部叶片较密集。可从叶腋长出细长的花茎，让花朵漂浮开放在水面上。能利用种子、侧芽或走茎繁殖。对水质的要求不高，栽培很容易，在高光量及高二氧化碳中能产生旺盛的光合作用，如果再配合优质液肥的添加，生长将很迅速。弱光、低二氧化碳、低肥料也能存活。

水鳖科 Hydrocharitaceae

簧藻 *Blyxa novoguineensis*

别名：无　　　　　　　　　自然分布：亚洲、大洋洲的热带亚热带地区

基本信息：

难　　　18～28　　　5.5～6.5　　　2～5　　　中光　　　中景

简介：

　　沉水性植物。能长出矗立茎，从茎上长出互生叶，无叶柄，线形，青绿色，叶面有明显或不明显的褐色斑纹，成丛生状。当矗立茎长出之后，茎节会长出水生根，并可从水中吸收养分。繁殖时，可由其茎节长出侧芽，并发育成子株，可以将子株分出来栽植。很少开花结子。喜欢生长于中等光照环境，光线过强会造成顶芽干枯白化，光线过弱会造成烂叶。对肥料需求量大，特别是要经常添加液肥。必须种植在泥丸上，种植在沙子上不能存活。需要向水族箱中输入二氧化碳，否则不生长。对水中硬度十分敏感，必须栽培在酸性软水中。簧藻的美丽早就被人们发现，一直想作为造景水草使用，但直到2000年后才真正被利用。以前是无法人工养活的，属于相当常见却难以栽培的水草品种之一。

左图：光线过强时，簧藻呈现出咖啡色的不健康状态
右图：簧藻的分株繁殖

水鳖科 Hydrocharitaceae

大篲藻 *Blyxa echino sp. rma*

别名：无　　　　　　　　　　　　　　自然分布：印度、印度尼西亚

基本信息：

难　　18 ~ 28　　5.8 ~ 6.8　　2 ~ 6　　中光　　后景

简介：

　　沉水性水草。不容易长出矗立茎，具有约 50 片以上的莲座生线形叶，叶形狭长，尖端很细，叶缘有锯齿。若水深够的话，叶长可达 60 厘米以上。叶色浅绿色，叶薄而略有透明感，有时略带红色。如果能让它稳定生长，一株水草就能长成一大丛，相当壮观。也会开水上花，结果并形成种子，种子两端像刺一样突起。以走茎繁殖较快。喜欢光线中等偏强的清澈环境，在流动的溪水中生长快速，常呈丛生状分布。光线不足时，会有落叶现象，甚至枯死。喜欢弱酸性软水，需要栽种在泥丸上。

金鱼藻科 Ceratophyllaceae

金鱼藻 *Ceratophyllum demersum*

别名：金鱼草、灯笼草　　　　　　　　自然分布：全世界各地淡水中

基本信息：

非常容易　10 ~ 35　　5.5 ~ 8.0　　2 ~ 20　　中光

简介：

　　最被人所熟知的水草，多年生沉水草本植物。茎长 40 ~ 150 厘米，叶轮生，长 1.5 ~ 2 厘米，尖端带白色软骨质，边缘仅一侧有细齿。喜欢强光，适应性强，在水族箱中生长非常快。弱光下容易掉叶。

三、第一次热带水草引种——泽泻、天南星和爵床类

进入 19 世纪末，热带观赏鱼饲养爱好的受众群体已经相当广泛，特别是在欧洲、美国和日本。这个时间段，欧美国家对南美洲和东南亚的殖民使大量的热带生物被开发利用，其中热带观赏鱼的新品种被不断发现，从它们的热带故乡源源不断地被运输到欧洲、北美和日本。在捕捞鱼类的同时，观赏鱼采集者也没有忘记捎带一些热带水草，用来在水族箱中制造出如同鱼类故乡的景观，这就是第一次热带水草的引种。

最先被引种的热带水草是南美洲热带河流附近随处可见的泽泻类，其中刺果泽泻属（Echinodorus）（也称皇冠草属）是最早被采集的品种。皇冠草类凭借其宽大而优雅的叶片，被当时的欧洲采集者一眼看中。这不仅仅是因为它们漂亮，更重要的是这种植株形式在温带和寒温带的水草中是非常少见的。千里迢迢远渡大洋运输来的水草，必须要标新立异，否则很难立足。皇冠草类独体的多叶莲座形外表，使其很快博得了大多数水族爱好者的青睐，不久其代表种皇冠草（Echinodorus amazonicus）就被誉为是"热带水草之王"。

在水族箱中，神仙鱼会偶然在皇冠草叶片上产卵，这让当时不太了解鱼类习性的人们认为，饲养神仙鱼必须同时栽培皇冠草，否则神仙鱼不产卵。在那个年代里，神仙鱼正处在"热带鱼之王"的地位上，饲养神仙鱼的同时种植皇冠草就成为水族爱好中的上流享受，代表了饲养者的财富、品味和技术水平。

到了 1900 年以后，更多的皇冠草品种被采集利用，其中包括了叶片更为翠绿的乌拉圭皇冠草、叶子可以变成红色的红蛋叶等。

泽泻类发达的根系　　　　泽泻类宽大的叶片

左三图：市场上出售的泽泻类多是水上叶形态

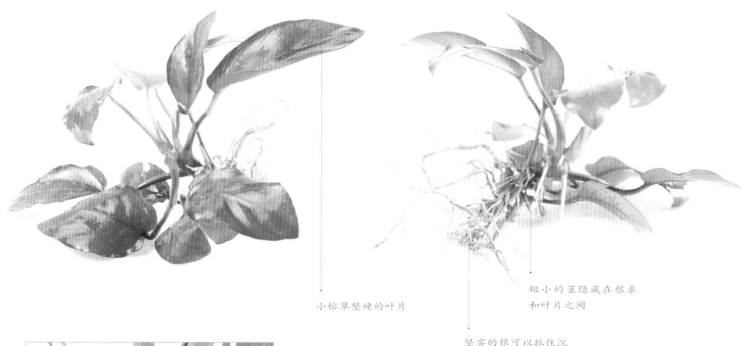

小榕草坚硬的叶片

短小的茎隐藏在根系
和叶片之间

坚实的根可以抓住沉
木和岩石

辣椒草的花

这些水草不但具有优雅的外表，还带有绚丽的颜色，十分引人注目。直到 1980 年以前，各种皇冠草一直占据着高档水草的地位，在长达 100 年的时间里，一直是最昂贵的水草品种。

欧洲殖民者除去对南美洲的开发以外，最重要的侵略地就是东南亚。东南亚各国，特别是马来西亚、印度尼西亚、新加坡、斯里兰卡等，也是处于热带的国家，自然物种极其丰富。到 1900 年，热带观赏鱼的市场品种一半产于南美洲，一半产于东南亚。由于东南亚的鱼类更容易捕捞，所以有时东南亚的品种会超过南美洲一些。

当然，捕捞东南亚鱼类的欧洲人也没有忘记携带一些这里原产的水草回去，最早被采集的就是天南星科（Araceae）隐棒花属（Cryptocoryne）（也可以叫做辣椒草属）的品种。这是一种生活在热带河流边的小草，在水下和陆地都能存活。当时的采集者可能是在捕捞类似蓝三角、樱桃鲫这样的小型热带鱼时发现的它们，因为这些鱼会在辣椒草丛中产卵。

辣椒草具有广泛的适应性，而且叶片颜色多变，是水族箱中非常好的装饰品种。它们不像皇冠草那样，动不动就生长到 30 厘米高而必须栽培在大水族箱中。大多数辣椒草十分娇小，正适合家庭饲养的小水族箱，所以一经引种很快就得到了人们的喜爱。从 1900 年到 1990 年，辣椒草一直是观赏水草中的名贵品种，而且随着人们的栽培产生了很多变异，这使得该品种的花色更为丰富。

辣椒草生长速度慢，对肥料和光线的要求都很低，是比较容易栽培的品种，也不用像皇冠草那样经常打理。它们还很容易在水族箱中长成为成簇的景观，看上去茂盛优美。一直到现在，常见的辣椒草仍是水族箱中的主流品种，只要给水族箱铺上沙子，种植几株辣椒草，一个别有洞天的水下小环境就呈现出来了。

非洲也是欧洲殖民者侵占的重点，而且侵占历史比南美洲、亚洲更早。非洲有世界上最丰富的大型哺乳动物资源，这些动物丰富

爵床类坚挺的茎，可以支
撑水上繁茂的叶片、枝丫

几内亚齿柳草

发达的根系可以帮助它们
更多地吸收泥土中的营养

羽裂水蓑衣

了世界各地的动物园。而鱼类资源，非洲明显不占优势。当时，贫瘠的东非还没有被开发，人们最先涉足的是离欧洲最近的北非和西非。西非具有和南美洲一样的大片热带雨林，水量丰沛的刚果河孕育了这里的水生生物。西非的观赏鱼品种不多，从这里开发出的水草就更少。不过，榕草类可以算是个经典品种。

榕草类属于天南星科水榕属（Anubias），因其叶片生长得很像榕树叶子而得名，其学名 Anubias 与古埃及死神阿努比亚斯同义，当时为什么这样给这类植物起名，现在不得而知。榕草家族品种不多，但都是非常容易存活的植物。它们在野生条件下附生于河边的岩石或树干上，坚硬的叶片挺在水面以上生长。它们对水质的适应性极其广泛，更重要的是它们都不需要强光，只要室内能接触到散射的自然光就可以生长。这为当时人们的栽培提供了便利，要知道那个年代里，人工光源还不能运用在水族箱栽培方面。水草的光合作用完全要靠饲养者对自然光线的控制。

作为水草中的经典品种，榕草家族中的很多品种一直到现在还受到饲养者的喜爱，比如芭特榕草。在长期的人工栽培过程中，榕草也被培育出了许多新品种。它们不必非要种植在沙子里才能生长，即使捆绑在石头、木头上沉入水中也能存活。这就让其成为了早期不错的水草造景材料。但叶片过硬、没有飘逸感一直是该品种的最

大弊病。由于榕草生长缓慢，其市场价格一直很稳定，是大多数水草养殖场的主流品种。

爵床类的开发引种要比泽泻和天南星都晚，这是因为它们的栽培稍有难度。爵床科（Acanthaceae）水蓑衣属（Hygrophila）的植物在亚洲有广泛的分布，特别是东南亚和南亚地区有很多形态优美的品种。它们是有茎的挺水植物，在野外如同芦苇一样在河边生长，让人很难联想到优雅的水下水草。

最早被引种的爵床类是大柳草和中柳草，由于能生长出如柳树叶一样的叶片而得名。这类水草对光线有一定的要求，而且生长速度比较慢，是早期具有栽培难度的水草品种。大概在 1920 年前后，人们发现了这种植物完全转化成水中形态是非常美丽的，而且其树状的形态与水兰、皇冠草、辣椒草、榕草千篇一律的莲座生形态完全不同，缓解了早期爱好者的审美疲劳。

爵床类水草的开发是个相当缓慢的过程，直到最近还有一些新品种被引种，比如羽裂水蓑衣就是 2010 年后才被作为造景材料水草的。

泽泻科 Alismataceae

市场上出售的皇冠草水上形态植株

皇冠草 *Echinodorus amazonicus*

别名：无　　　　　　　　　　　　　　　自然分布：新几内亚

基本信息：

容易　　　18～28　　　6.0～7.0　　　2～10　　　中光　　　中景

简介：

　　是最早从南美洲输出到各地的热带水草，也是 20 世纪 90 年代前最名贵的水草品种之一，几乎老一辈的水草爱好者都曾经栽培过它。20 世纪 50～90 年代前期一直享有"水草之王"的美称。水上叶呈长披针形，质硬而厚，深绿色，会由根茎长出花茎，开白色的小花，花茎上的茎节会生出茎芽，把茎芽取下栽种就可以得到新的植株。水中叶亦呈长披针形，唯叶柄较短，叶较长，叶质柔软，叶色翠绿，外观秀丽，其叶片水量多，可达 40 枚以上。容易栽培，喜欢弱酸性软水，在硬水中生长不良。市场上出售的多为水上叶植株，栽种到水族箱后，水上叶会死去，但水下叶会很快生长出来。不需要太强的光照，不必向水族箱中人工输入二氧化碳，生长速度适中，光线过强时容易滋生藻类。

优美的皇冠草水中植株

通过花茎繁殖的幼株

泽泻科 Alismataceae

乌拉圭皇冠草 *Echinodorus horemanii*

别名：长叶九宫草　　　　　　　　　　　自然分布：巴西、乌拉圭

基本信息：

容易　　18 ～ 28　　6.0 ～ 7.0　　2 ～ 12　　中光　　中景

简介：

　　叶长 15 ～ 20 厘米。水中草叶片呈带状，叶端圆钝，叶缘常有皱曲。叶色翠绿，生长快时还带有一些透明感。如果茂密生长，极为美观，非常受欢迎。栽培并不困难，对水质没有特别要求，从弱酸性软水至弱碱性硬水均可适应，不需要人工输入二氧化碳。对氮肥有特殊偏好，合理施肥不仅可加速其生长，而且叶质的透明感会增加。本种水草是 20 世纪 90 年代备受青睐的高档水草，现在已经相当普遍、廉价。

泽泻科 Alismataceae

红蛋叶草 *Echinodorus rubra*

别名：红蛋皇冠草　　　　　　　　　　　自然分布：巴西南部

基本信息：

容易　　18 ～ 28　　6.0 ～ 7.0　　2 ～ 12　　中光　　中景

简介：

　　适应力极强的水草，植株大，最好能用大型水族箱单独栽培。高度可达 40 ～ 50 厘米。成熟的叶片略带红色，长 30 ～ 40 厘米、宽 4 ～ 5 厘米，叶脉明显，边缘有皱褶。强光下颜色格外红艳，但需要增加肥料和人工输入二氧化碳。水中无法开花，可利用花茎繁殖。

泽泻科 Alismataceae

香瓜草 *Echinodorus osiris*

别名：蛋叶草　　　　　　　　　　　　　　自然分布：巴西

基本信息：

容易　　18 ~ 28　　6.0 ~ 7.0　　2 ~ 15　　中光　　中景

简介：

　　其水上叶呈倒卵形至椭圆形，深绿色，植物体坚挺。水中化之后，叶型变成长披针形，具有深度透明感的绿色，幼叶呈红色，叶脉清晰如网目，为黄绿色。对水质要求不高，栽培不困难，但必须置入根肥、添加二氧化碳才能良好生长。对光线要求不高，强光照射会加速它的生长速率。如果光度强，二氧化碳足够，养分不缺，会长得很大型，因此适合单独栽培在水族箱中。利用花茎繁殖。

泽泻科 Alismataceae

红皇冠草 *Echinodorus rubin × Echinodorus amazonicus*

别名：无　　　　　　　　　　　　　　　　自然分布：人工杂交

基本信息：

容易　　18 ~ 28　　6.0 ~ 7.0　　2 ~ 10　　中光　　中景

简介：

　　是皇冠草和红蛋叶草的杂交品种，其水中叶略带透明的红宝石颜色，配合黄色叶脉，显得相当美丽，早期被视为珍贵品种。由于杂交优势，它更容易栽培成活。对水质、光线适应广泛。在中光、高肥的时候颜色格外鲜艳，喜好使用根肥。生长速度比皇冠草和红蛋叶草都快。采用花茎繁殖。

泽泻科 Alismataceae

豹纹皇冠草 *Echinodorus barthii × Echinodorus schlueteri "leopard"*

别名：无　　　　　　　　　　　　　　　　自然分布：人工杂交

基本信息：

容易　　18～28　　6.0～7.0　　2～15　　中光　　中景

简介：

　　是香瓜草和豹纹象耳草的杂交品种，水上叶呈橄榄绿色，新叶呈红色，无论是老叶或新叶都有明显的褐色斑点。水中叶为长卵形或披针形，老叶可能呈橄榄绿色或红色，新叶通常呈红色，叶片上的斑点则转为红褐色，即使在低光度下栽培，依然不失去红褐色斑点，但老叶斑点的色泽会较浅。是非常容易栽培的水草，适应性强，如果添加根肥会生长得非常巨大、茂盛。需栽培在大型水族箱中。

泽泻科 Alismataceae

火焰皇冠草 *Echinodorus maculatus "red flame"*

别名：无　　　　　　　　　　　　　　　　自然分布：巴西南部

基本信息：

容易　　18～28　　6.0～7.0　　2～8　　中光　　中景

简介：

　　适应力极强的水草，植株大，最好能用大型水族箱单独种植。高度可达40～50厘米。成熟的叶片略带红色，长30～40厘米、宽4～5厘米，叶脉明显，边缘有皱褶。强光下颜色格外红艳，但需要增加肥料和人工输入二氧化碳。水中无法开花，可利用花茎繁殖。

泽泻科 Alismataceae

针叶皇冠草 *Echinodorus tenellus*

别名：无　　　　　　　　　　　　自然分布：北美洲南部、南美洲

基本信息：

容易　　18～28　　6.0～7.0　　2～15　　中光　　前景

简介：

　　小型皇冠草，水上叶呈披针形，亮绿色至深绿色，能在湿地以地下走茎繁殖，会从叶腋长出花茎开出白色小花，是最容易成活的水草之一。水中叶鲜绿色，叶片较长，有时新叶会呈红色。对于光度与硬度的适应力较强，不过要作为前景草使其鲜绿色叶片密密麻麻地覆盖在底床上，充足的光照和二氧化碳是必要的。在皇冠草属中，本品种最适合当前景草，只要几周的时间，便可浓密丛生。栽培时，如果肥料较多，就会向高生长，会影响到作为前景草的功能，因此要尽量控制肥料，一般不要添加根肥和液肥。

泽泻科 Alismataceae

汤匙兰 *Sagittaria platyphylla*

别名：无　　　　　　　　　　　　　　　自然分布：美国

基本信息：

容易　　20～28　　6.0～7.2　　2～10　　中光　　前景

简介：

　　水上草与水中草的形态不同，水上草无法直接蜕变为水中草。水中草的生长高度与光照度有关，光照强，生长高度低；光照弱，则生长得很高，植株高度一般介于5～20厘米之间。若要用作前景草，可以成群栽培，但光照要强。在水中栽培，可以利用走茎繁殖。如果使用水上草栽培，可剪去所有叶片，保留约5厘米叶柄供作栽植即可，新的水中叶会很快长出。对水质适应广泛，喜欢中等硬度的新水。二氧化碳不足或水硬度过低，会生长不良。

天南星科 Araceae

芭特榕草

芭特榕草 *Anubias barteri*

别名：大榕草　　　　　　　　　　　　　　　　　　自然分布：西非

基本信息：

非常容易　18～28　6.0～7.5　5～20　弱光　中景

简介：

　　挺水植物是最早被广泛栽种的榕草之一。具有爬行的地下茎，能从茎上长出牢固且带柄的叶片，卵形至三角形。新叶黄绿色，成叶亮绿色，叶面光滑，叶脉明显。能长出高高的花茎，花很像玉米棒。野生植株生长在肥沃的湿地上，有许多变种，小榕草就是它的变种之一。水上叶适应水环境之后，可以逐渐直接转化为水中叶而不枯萎，新长出来的水中叶依然保持原来的生长形态。生长速度缓慢，在适宜的环境中平均每周可以生长一片叶片。对肥料要求不高，埋设根肥会促进生长。非常好养，不需要额外的二氧化碳补给。喜欢带有一定硬度的弱酸性水，但水质过酸或过软会出现融叶现象。

市场上出售的芭特榕草

芭特榕草的花

天南星科 Araceae

小榕草 *Anubias nana*

别名：无   自然分布：西非

基本信息：

非常容易   16 ~ 28   6.0 ~ 7.2   5 ~ 15   弱光   前景

简介：

    水上草叶呈倒卵形，很像榕树的叶子。叶色深绿，叶脉清晰。能在水中开花。水中草与水上草没有区别，只是叶色略微变淡。生长极为缓慢，水上草易适应水中环境。其匍匐茎亦可攀附在沉木或岩石上生长，因此栽种时经常作为造景水草绑在沉木上栽培。养殖场主要利用组织栽培来繁殖。适应性强，喜欢中性水，但不喜欢高水温，当温度超过 30℃ 时，生长逐渐不良，老叶可能变黄。光线太强也会造成生长不良，叶片脱落。不需要特殊的肥料、二氧化碳补给，光线很暗的时候也能保持存活。是早期名贵水草中最容易栽培的品种。现在有很多人工培育的品种，比如黄金小榕、苹果榕等。

天南星科 Araceae

剑榕草 *Anubias lanceolata*

别名：莱斯榕叶草   自然分布：西非

基本信息：

非常容易   16 ~ 28   6.0 ~ 7.2   5 ~ 15   弱光   中景

简介：

    属于大型挺水植物，水上草叶呈长卵形，但叶两端尖锐，叶色深绿，叶质较厚，叶脉较不明显。根非常强韧，不易折断。生长极为缓慢，能在水中开花。水上草在水中栽培不易枯萎，但很难转化成水中的形态。即使新长出来的水中叶，看起来也像陆生叶子一般粗壮。因此，是很不被重视的榕草，虽然传入时间很早，但一直没有人特意栽培。其他特性和别的榕草一样。

天南星科 Araceae

三角榕草 *Anubias gracilis*

别名：格拉榕叶草　　　　　　　　　　　　　　自然分布：西非

基本信息：

容易　　16 ~ 28　　6.0 ~ 7.2　　5 ~ 15　　弱光　　中景

简介：

　　野外植株在湿地上生长，不仅强壮，而且对环境的适应能力相当强，但在水中生长，适应性就不如其他同属水草。水上叶具有长三角形的叶片，很容易与其他同属水草区别。在硬水或碱性水质中育成不易，即使能够存活，新发育的植物体明显会小型化，而且叶片狭小。不过，若使用弱酸性软水，再加上有适当的水温，在底床埋设根肥，给予充足的光照和输入二氧化碳，也可能育成美丽的水草。

天南星科 Araceae

燕尾榕草 *Anubias hastifolia*

别名：哈斯榕叶草　　　　　　　　　　　　　　自然分布：西非

基本信息：

非常容易　　16 ~ 28　　6.0 ~ 7.2　　5 ~ 15　　弱光　　后景

简介：

　　主披针形叶，长可达 20 ~ 25 厘米，有一对叶耳长 3 ~ 5 厘米，叶色呈亮绿色，叶脉明显。水中草会狭长化，但叶幅略大，叶耳加长，颇像燕子的尾巴，生长形态相当特殊。水中草的生长速度比水上草慢，能适应较为广泛的水质变化，一般栽培并不困难，其匍匐茎亦可攀附在沉木或岩石上生长，可由茎节分生小株向外生长。水中草不喜欢低温，当水温低于 20℃ 以下时，生长速率迟缓或停滞。

天南星科 Araceae

卵叶榕草 *Anubias heterophylla*

别名：哈特榕叶草　　　　　　　　　自然分布：西非

基本信息：

非常容易　16～28　6.0～7.2　5～15　弱光　中景

简介：

　　水上草根茎像爬地一般延伸，从茎上长出卵形至圆形叶，叶脉清晰可见，叶面略有皱褶，但平滑而亮绿，叶缘略有锯断状。属于中型挺水植物，水中草小于水上草。适应水环境能力强，水族箱中育成不难。生长缓慢，可以绑在沉木或岩石上生长，可由茎节分生小株向外生长。是一种颇具生命力的水草，喜欢中性至弱酸性的软水。

天南星科 Araceae

温蒂椒草 *Cryptocoryne wendtii*

别名：辣椒草　　　　　　　　　　　自然分布：斯里兰卡

基本信息：

容易　18～28　5.8～7.0　2～15　弱光　前景

简介：

　　挺水植物，是辣椒草中最容易栽培的品种。最早被引种的辣椒草品种，20年前也算名贵水草，现在已经相当普及。水上草与水中草同型，叶披针形，水上叶呈绿色，水中叶有时并非单纯的绿色，有时候会长出褐色的横纹或斑点，但无论如何，叶背都是红色。容易栽培，对水质、水温和光线适应性极强。若想栽培出优美的植株，则应当提供弱光环境，减少肥料供应，让其缓慢生长。繁殖容易，采取分株繁殖。有很多变种，比如绿温蒂椒草、红温蒂椒草等。市场上常见的迷你辣椒草也是它的变种。

上图：棕温蒂椒草　　下图：绿温蒂椒草

天南星科 Araceae

露西椒草 *Cryptocoryne lucens*

别名：绿辣椒草　　　　　　　　　　　自然分布：斯里兰卡

基本信息：

容易　　　20 ~ 28　　　5.8 ~ 7.0　　　2 ~ 12　　　中光　　　前景

简介：

　　是生长于河边的两栖植物，具有类似竹叶的绿色披针形叶，唯叶质较硬。为了与岸边的杂草竞争阳光，具有绿色或茶色的坚硬长叶柄。水上草移植于水中栽培，很快就能适应水中环境，但受到环境突变的刺激会发生腐烂现象。水中草健壮，容易栽培，适应能力强，不需要特殊的肥料和二氧化塔供给。喜欢中光，在弱光下植株优美。当生长茂盛后，应马上分株，否则会因密度过大而出现烂叶、烂根现象。

天南星科 Araceae

露蒂椒草 *Cryptocoryne lutea*

别名：辣椒草　　　　　　　　　　　　自然分布：斯里兰卡

基本信息：

容易　　　20 ~ 28　　　5.8 ~ 7.2　　　2 ~ 15　　　弱光　　　前景

简介：

　　水上草与水中草基本相同，水上草具有带柄叶片，叶呈披针形，叶面暗绿色，叶背褐绿色，叶柄咖啡色。可利用走茎繁殖。水中化之后，叶缘略有皱曲状，叶形稍狭长，叶色依水环境环境不同而呈现不同的变化，有绿色、橄榄绿色、咖啡色等。一般在弱光、低肥时呈现绿色，强光重肥时呈现咖啡色。水上草初移植于水族箱中时很容易发生腐烂现象，一旦适应水中环境并长出水中叶后，就很容易栽培了。对水质要求不高，只要水中养分足够，中等光照，即可生长良好，生长速度相当缓慢。

天南星科 Araceae

安杜椒草 *Cryptocoryne undulata*

别名：红亚希椒草　　　　　　　　　　　　自然分布：斯里兰卡

基本信息：

容易　18～28　5.8～7.2　5～15　弱光　中景

简介：

　　属于小型沼泽水生植物，比较喜欢生长于湿地上，在水中也有良好的适应能力。水上叶呈披针形，墨绿色。若将水上草直接栽培于水中，会有一段适应期，1～2个月停止生长。其水中叶亦呈披针形，但较狭长一些，叶缘略有波浪形态，叶面可能会产生少许的斑点，叶色则随培育条件不同，呈现明显的差异性，从绿色到橄榄绿，以至茶褐色之间变化不等。这种水草对水质的适应能力也不错，其他辣椒草能适应的环境都能适应。

天南星科 Araceae

内维椒草 *Cryptocoryne nevillii*

别名：小椒草　　　　　　　　　　　　　　自然分布：斯里兰卡

基本信息：

容易　18～28　5.8～7.0　5～12　中光　前景

简介：

　　小型辣椒草，水上叶呈深绿色，叶呈狭披针形，叶柄有时比叶片要长，皆呈绿色。利用走茎生殖，在自然界成丛生状或分生状分布。为典型弱光水草。仅在陆生时会开花。在水中生长，其形态会变小，叶柄缩短，无论在任何生长环境下，叶的颜色均保持绿色而不会发生变化。其丛生状很像草皮，不仅建壮，而且美丽，很适合作为前景草。在水族缸中栽培时管理工作简单，比其他椒草更能忍受低水温和恶劣的水质环境。但光照过强时会停止生长。

天南星科 Araceae

伟莉椒草 *Cryptocoryne willisii*

别名：辣椒草   自然分布：斯里兰卡

基本信息：

容易   18～28   6.0～7.2   2～12   中光   前景

简介：

    这种草是杂交和变种最多的辣椒草，各品种间很难辨认，目前原生品种在市场上并不多见。水上草与水中草不同型，水上草长着长剑形绿色叶片，水中叶转为披针形翠绿色叶片。叶柄均为茶色。容易栽培，但生长十分缓慢。

天南星科 Araceae

帕夫椒草 *Cryptocoryne parva*

别名：迷你椒草   自然分布：斯里兰卡

基本信息：

18～28   6.0～7.5   2～15   中光   前景

简介：

    这是一种迷你型水草，水上形和水下形都矮小，通常只有5～7厘米高。水上草的叶片长卵形，但叶端尖细，绿色，有柄。野生植株生命力相当强，但生长速度很缓慢。水中植株生长速度比陆生更慢，一株能长出的叶片数目有限，很难形成整丛的一片，因此需要较长的时间栽培才能看出它的装饰效果。提供较高光照、添加二氧化碳以及保持充足的养分，可以促使其快速生长。

天南星科 Araceae

上图：绿气泡椒草 下图：红气泡椒草

气泡椒草 *Cryptocoryne usteriana*

别名：红气泡椒草　　　　　　　　　　　　自然分布：菲律宾

基本信息：

容易　　18 ~ 28　　6.0 ~ 7.2　　2 ~ 12　　中光　　前景

简介：

　　这种辣椒草草的叶片形态相当特殊，凹凸不平，好像气泡一般。野生植株生长于湿地，也能在水族箱中栽培，成为水中草。水上草的高度比水中草要小得多，但植物体的外观相同。在水中生长的水中叶，长度可达 20 厘米以上，宽度 3 ~ 5 厘米，属于中大型的水草，用它来装饰大型水族缸再适合不过了。水上叶呈翠绿色狭披针形，水中叶根据光线不同可以是绿色或咖啡色。对水质的适应能力相当强，在一般水草生活的环境中都能良好生长。人工培育的品种很多，最常见的是红气泡椒草和绿气泡椒草。

天南星科 Araceae

缎带椒草 *Cryptocoryne crispatula*

别名：泡泡椒草　　　　　　　　　　　　自然分布：东南亚各地

基本信息：

容易　　15 ~ 30　　5.8 ~ 7.5　　2 ~ 20　　弱光　　后景

简介：

　　此水草的水上形和水中形差异很大，水上草叶长不超过 15 厘米，但水中草叶长可超过 60 厘米。水上草具有狭披针形叶，兼有一粗大的短叶柄，叶缘略有皱褶状，植物体深绿色。移植到水中栽培后会大型化，水中叶变成缎带一般的狭长叶片，缎带椒草之名由此而来。水中叶呈橄榄绿色，一般不会突出水面生长，因此其高度受到水深所限制，当水位过低时，叶片会漂浮在水面上。栽培并不困难，生长速度快，不需要特殊提供肥料和二氧化碳，喜欢中等光照强度，在弱光中也能生长。是现在市场上常见的品种。

天南星科 Araceae

皱边椒草 *Cryptocoryne balansae*

别名：无　　　　　　　　　　　　　　　自然分布：泰国、印度

基本信息：

容易　　16～28　　6.0～7.2　　4～15　　中光　　后景

简介：

　　是一种细叶、高大的辣椒草，具有狭长的深绿色叶片，叶面具有规则或不规则的皱曲。水上草明显小得多，植株高度通常不超过 15 厘米。常分布于溪岸旁，丛生。水中草的叶片可长达 40～50 厘米，野生的甚至可达 80 厘米，叶柄 4～8 厘米。新叶不一定是绿色，可能是咖啡色。在强烈日光照射下，其整株植物体甚至会呈现暗红色的光泽，极为美丽。它的叶长会随着水的深度自动生长调整，很少长出浮叶。种植初期，需要注意水质的稳定，一旦开始快速生长，则十分好养。喜欢弱酸性软水，中等偏暗的光照。

天南星科 Araceae

细叶椒草 *Cryptocoryne tonkinens*

别名：辣椒草　　　　　　　　　　　　　自然分布：越南

基本信息：

较难　　18～28　　6.0～7.0　　2～10　　中光　　中景

简介：

　　叶幅狭窄而叶片狭长的辣椒草品种。原产于越南河边的两栖植物，能适应水陆两栖环境。当水域干旱时，会长出强韧的水上叶，长10～15 厘米，叶宽不超过 1 厘米，叶色深绿，好像杂草一般。当植物体被水淹没生长时，生长出的水中叶的叶片仍然维持线形，但更加细长，叶色则变成墨绿色或略带棕红色，有时候还会夹杂着明显的叶斑。由于在长叶辣椒草中，颜色和适应性都不如缎带椒草和皱边椒草，所以一直不被重视。对光线要求不严格，但喜欢强光。喜好软水和充足的肥料，不耐移植。

爵床科 Acanthaceae

上图：大柳草的水中形态　　下图：大柳草的水上形态

大柳草 *Hygrophila corymbosa*

别名：大琵琶草、伞花水蓑衣

自然分布：印度、马来西亚、印度尼西亚

基本信息：

较难	15～28	6.0～7.2	4～15	中光	后景	

简介：

　　挺水植物。水上草的叶形为广披针形，十字对生，茎节较长，茎略成四角形，茎上有白点状突起斑。叶色在夏天呈亮深绿色，在冬天呈失去光泽的灰绿色，叶子变小，并在茎叶上长出茸毛，在秋冬至初春，会在叶腋开出紫色的唇形花。水中草的叶形亦呈广披针形，其叶形较其水上叶略大，叶色黄绿，叶质柔软得可以在水中漂动，茎保持水上形的坚硬挺拔。需要栽培在底床肥沃、光照适中的环境中。肥料不足时，光照越强，生长越不好。光照过弱时，会掉叶。建议使用根肥，并定期修剪掉顶芽，让其多出侧芽，生长成树状。

爵床科 Acanthaceae

中柳草 *Hygrophila stricta*

别名：琵琶草　　　　自然分布：中南半岛的大部分淡水中，泰国最常见

基本信息：

较难	15～28	6.0～7.2	2～15	中光	中景	CO_2

简介：

　　是最早被栽培的爵床类水草，20年前是既难养又昂贵的名贵水草，现在已经非常普遍，但栽培者很少了。水上草的叶形呈长披针形，叶色翠绿。开紫色小花，总状花序。它的茎略呈四角形，茎上分布着白色的斑点。可用种子繁殖，但一般以插茎繁殖。栽培到水族箱中后，水上叶脱落，逐渐生长水中叶。新长出来的水中叶，亦呈长披针形，但更狭长，叶质柔软有飘逸性，叶色黄绿。在弱光环境中，它的叶形变小，成长速度缓慢，植株很优美。在高光量中，生长速度加快，必须配合肥料的添加，否则生长不良。最好用中等偏弱的光线栽培，配合使用根肥，并定期去掉顶芽。这样中柳草会看上去郁郁葱葱，成灌木状。

爵床科 Acanthaceae

湖柳草 *Hygrophila lacustris*

别名: 细叶柳草　　　　　　　　　　自然分布: 美国的热带地区

基本信息:

较难　　12～30　　6.0～7.5　　4～16　　中光　　后景

简介:

　　水上草叶呈狭披针形的细长状, 而且外缘叶子卷曲, 其节间在茎顶的部位很短。水上叶细长, 十字对生, 叶色翠绿至橄榄绿。水中叶较为细长, 外缘叶子略有卷曲, 比其他同属的水草叶子硬。此草栽培并不困难, 是喜欢强光、重肥、高二氧化碳的品种。若栽培条件适合, 生长茂密, 很适合在大水族箱成群栽种。

爵床科 Acanthaceae

长叶细柳草 *Hygrophila salicifolia*

别名: 柳叶水蓑衣　　　　自然分布: 中国南部、印度南部、马来西亚

基本信息:

容易　　15～28　　6.0～7.5　　2～20　　中光　　后景

简介:

　　叶片酷似柳树叶的挺水植物, 水上草长着狭披针形的十字对生绿色叶, 每逢开花期, 可在叶腋长出总状花序, 花小, 花冠呈淡紫色。可用种子繁殖, 但一般以插茎繁殖。在水族箱中种植, 其水上叶在水中不能适应, 会腐烂, 栽植时可以将其叶片全部剪除。新长出来的水中叶, 为十字对生, 亦呈长披针形, 比水上叶更狭长, 叶质柔软有飘逸性, 叶色黄绿。外形很像湖柳草, 但外缘叶子不卷曲。这种水草适应能力强, 但非常喜肥, 如果底床中肥料不足, 会造成烂叶、停止生长。最好提供中等偏强的光照, 在底床中铺设基肥, 并配合使用根肥。

爵床科 Acanthaceae

水罗兰草 *Hygrophila difformis*

别名：大叶水菊、异叶水蓑衣

自然分布：印度、马来西亚等东南亚地区

基本信息：

| 容易 | 15～28 | 6.0～7.0 | 2～12 | 中光 | 后景 | |

简介：

　　这是一种富于变化的水草，不论是水上草或水中草，在不同的季节都会有不同变化。水上草的叶片可以是卵形对生叶或裂状叶，它的植物体会长茸毛，开淡紫色花，叶色青绿。在水中栽培，很快就能水中化，新长出来的叶片状似菊叶。对水质变化适应性强，即使水质稍差，也可能成活，所以栽培不难，很适合新手栽培。喜欢弱酸性至中性的水质，在pH值高于7.5的硬水中栽培，光线一定要强，才能维持最优美的形态，否则易导致生长萎缩，停止生长。

爵床科 Acanthaceae

棕中柳草 *Hygrophila* sp.

别名：暹罗中柳草　　　　　　　　　　　自然分布：泰国

基本信息：

| 较难 | 18～30 | 6.0～7.2 | 2～12 | 中光 | 中景 | |

简介：

　　这种水草虽然很早就被作为观赏水草引种，但由于颜色并不出众，所以一直没有被广泛接受。水上草具有椭圆形的绿色叶片，十字对生。水中草的叶片转为倒卵形，叶缘很长呈波浪状，叶宽1～1.5厘米，叶长约3厘米，叶基渐尖，叶色多变化，可以呈黄绿色、黄茶色、茶色，或棕色等，叶面有可能出现网状深色纹路，依栽培条件不同而异。喜欢弱酸至中性的水质，栽培并不困难，生长速度缓慢。对肥料及光线的需求中等，在输入二氧化碳与定期施肥的水族箱中，叶片的生长密度加大，植株优美。

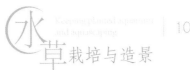

爵床科 Acanthaceae

紫红针叶柳草 *Hygrophila sp. "ARAGUAIA"*

别名：无　　　　　　　　　　　　　　　自然分布：巴西

基本信息：

较难　　18～28　　6.0～7.0　　2～8　　中光　　前景

简介：

　　野生水上草匍匐生长于湿地上，具有十字对生的硬挺针形叶，亮橄榄色至红色，叶表有微细的腺毛，叶缘略有不明显的锯齿，茎绿色，开紫色的小花，可形成果实并利用种子繁殖。水中草与水上草大致同型，匍匐于底床表面生长，但叶较狭长且颜色较富于变化，在不同的栽培条件下，可能呈现绿色、绿中泛红、茶色、红中泛紫等。是近两年开始流行的水草。

爵床科 Acanthaceae

红丝青叶草　*Hygrophila polysperma*

别名：豹纹青叶、金丝青叶　　　　　　　自然分布：印度

基本信息：

较难　　18～27　　6.0～7.2　　4～15　　强光　　后景

简介：

　　是野生青叶草的突变种，且基因已经固定成一个新品种。水上草外观与青叶草相似，但叶脉明显，叶色翠绿，披针形十字对生叶。水中草的叶形较为狭长，叶色可能转为红色，并且有明显白色的叶脉，看起来相当漂亮。不过，它必须在强光及适当施肥的条件下，才容易显出美丽的艳红色，否则通常只有顶叶是红色的，而下叶是黄绿色的。本种由于具有红色且有白色斑纹叶片，再加上栽培容易，所以广受欢迎，为大众化水草之一。如果能提供合适的光照、肥料以及充分供应二氧化碳，它将能展现出特有的美感。

上图：普通生长状态　下图：强光寡肥的生长状态

爵床科 Acanthaceae

羽裂水蓑衣 *Hygrophila salicifolia*

别名：无　　　　　　　　　　　　　　　　自然分布：印度

基本信息：

较难　　18 ~ 28　　6.0 ~ 7.0　　2 ~ 10　　中光　　中景

简介：

　　虽然与中柳草同属于印度产的水蓑衣，但被人类引种栽培是近两年的事情，至少比中柳草晚了 30 年。水上草和水中草形态相近，不同点在于水上草叶片短而厚，水下草叶片柔软且纤长。容易栽培，在强光下会在底床上以匍匐茎生长，形成一大片。在中光下栽培，和中柳草一样直立生长，呈树状。可以捆绑在沉木上生长，会从每个茎节上生长出新芽。若要让其呈现一丛丛的样式，人工输入二氧化碳是必需的。对肥料的要求没有其他水蓑衣那样高，如果能提供根肥会生长得更茂盛。喜欢弱酸性软水。

爵床科 Acanthaceae

上图：生长良好的状态　下图：光线过强的状态

袖珍青叶草 *Staurogyne repenssyn*

别名：南美插住花　　　　　　　　　　　自然分布：巴西、委内瑞拉

基本信息：

较难　　18 ~ 28　　6.0 ~ 7.0　　2 ~ 12　　中光　　前景

简介：

　　水上草与水中草大致同型，其间差异仅是水中草的叶片较小且狭长一些而已，不过水上草的体表可能有绒毛。具有十字对生的翠绿色叶，呈披针形，茎偏棕绿色，矗立生长时，草高通常不超过 10 厘米。在光线较强的水族箱中会以匍匐茎的方式四周延伸生长，几个月后即能长成一片结构紧凑的翠绿前景，是近两年出现的优秀前景草。被人类利用的时间较晚，2010 年左右才在市场上出现，是水草造景材料草中的热门品种。容易栽培，但生长较为缓慢。为了保持鲜绿的叶色和不断增长的底床覆盖面积，提高光照度、增加二氧化碳以及定期施肥都是必要的，在缺少肥料的时候叶片会枯萎，当光线过强时，叶片表面生长出褶皱。

四、大而优美的时代——水蕹

　　当皇冠草、辣椒草占领观赏水草的主流地位时，人们对高档水草的定义处于大型、大叶片的类别中，几乎所有大叶片莲座生的品种都可以是高档品种。对水草叶片大型化的追求，也就促使一类更大型的水草进入了水族领域。除去审美倾向外，直接影响到这个进程的是第二次世界大战以后玻璃技术的飞速发展，让人们的水族箱可以制作得更大。

　　水蕹科（Aponogetonaceae）的品种是当之无愧的大型水草，虽然有时皇冠草可以伸张得比它们大，但皇冠草是挺水植物，而水蕹类都是沉水植物，属于真正意义上的水草。

　　水蕹科只有一个属——水蕹属（Aponogeton），观赏水蕹大多数品种分布在东非的马达加斯加岛，少数分布在南亚地区。最早被人们引种的是网草，这是一种在原产地作为蔬菜食用的植物。具有网状的大型叶片，这种形态

石蒜科植物有如蒜头一样的假鳞茎

水蕹科植物拥有块茎，在进入休眠状态后，块茎储存的营养为再次发芽提供了条件

很吸引人们的眼球。实际上，早在达尔文到达马达加斯加后，这种水草就作为进化上的奇特植物被带到了欧洲。还有一些资料显示更早，这种植物有可能在大航海时代就被带回了欧洲。总之，在1900年以前出版的植物书和水族书籍上都能看到这种水草的身影，但当时人们是否真正养活了网草，还是个疑问。

　　有资料证明，到了1950年以后，网草的栽培已经十分普及。虽然当时人们没有掌握人工繁殖的技术，但有大批的人会去马达加斯加引种。网草传入中国，也是随着中国对东非国家的援建劳工带回的。直到1985年后，人们才掌握了网草的人工繁育技术。随后，大量产于马达加斯加的水蕹品种被开发，其中不乏大而优美的品种，比如波浪草、海带草等。在当时，这些水草取代了皇冠草的地位，成为了最名贵的水草。1990年时，北京一株红海带草的价位大概在80元左右，而当时的普通工人月

左图：石蒜科植物在栽培得当的情况下会在水族箱中开花
右图：睡莲的水中叶具有丰富的色彩，比水上叶更具欣赏价值

热带睡莲有发达的根系，但块茎的生长不发达

睡莲也可以种植在金鱼或锦鲤池里，欣赏它们的水上叶和花

工资只有 300 元上下（当时每株皇冠草的价位是 10 元）。

在采集者在西非采集榕草的几十年后，同是西非所产的石蒜科（Amaryllidaceae）植物被引种成为了观赏水草，它们就是喷泉草兄弟。说它们是兄弟，是因为它们的名字是按大小命名的，有大喷泉草、中喷泉草和小喷泉草。喷泉草同属于文珠兰属（Crinum），是观赏水草中很特别的一个类别。石蒜科的植物很多（比如水仙花就是其中之一），但完全水生的很少。喷泉草不但全是沉水植物，而且有纤细如钢丝一样的浓绿叶片，叶片似乎被烫过一样，呈褶皱状。在 20 世纪 60 年代前后，这可是一种装点水族箱的名贵水草，不论种植在什么样的水草群落中都会脱颖而出。由于生长速度慢，繁殖困难，喷泉草一直是价格不低的水草，直到养殖量已经很大的现在，每株的价格也在 50 元以上。

可能是一次不经意的发现，使睡莲和萍蓬草成为了水族箱中的观赏水草，那次发现的内容应当是"原来睡莲也会生长出大而圆润的水中叶片"。说到莲花，大多数人会想起漂浮在水面的大圆叶子，很长一段时间里，我们对睡莲的水下生活并不甚了解。

一些品种的睡莲（特备是非洲的品种）具有美丽的水下叶，在大型草风靡的时代里，它们走进了水族箱。也可能是有些人想在水族箱中种植睡莲，因为有些水族箱既可以侧面欣赏也可以俯视欣赏。当睡莲被种植后，饲养者有了意外收获，那就是欣赏到了睡莲优美的水下叶。总之，1980 年前后，在水族箱中栽培睡莲已经相当普及。这并不是说睡莲的人工栽培历史只有 30 年，因为早在 1000 多年前，人们就在庭院的水池中种植睡莲欣赏，只不过那时主要欣赏的是花。同科的萍蓬草属（Pumilum）植物被作为观赏植物，则和水族箱有直接的关系。在人们栽培睡莲的同时，发现了这种类似睡莲的植物更容易生长出水中叶，而且水中叶形态不仅仅是圆形的。这一发现让很多种萍蓬草进入了观赏水草的行列。为了区分睡莲和萍蓬草，在水族领域里萍蓬草被称为"荷根"，这个名字很可能来自日语里的汉字。

荷根是温带的睡莲品种，拥有发达的块茎，以利于冬季休眠期储存营养

水蘿科 Aponogetonaceae

上图：网草　下图：网草的花

网草 *Aponogeton madagascarensis*

别名：广叶网草　　　　　　　　　　自然分布：马达加斯加

基本信息：

难　　18～27　　5.8～6.8　　2～8　　弱光　　后景

简介：

　　在 20 世纪 90 年代前，网草只能从原产地引进，是非常昂贵的大型名贵水草。网草属于沉水性植物。因叶子呈网状而得名，也曾享有"水草之王"的雅称。叶子没有明显的叶脉组织，叶片呈长椭圆形，绿色至近褐色，依光照强度而定。其块茎呈椭圆形、圆锥形以至菱角形不等。通常利用块茎种植，种植时不要将整个块茎都埋入沙子，以免它因为呼吸不到足够氧而生长不良。有休眠现象，温度太高或太低都会进入休眠状态。频繁移植也可能导致休眠发生。已进入休眠的块茎不再发芽生长，让其留在沙中可能会腐烂，最好取出冷藏，待水温合适后再取出种植。野生植株在春天开"V"字形淡粉红色的穗状集合花序，容易结果及形成种子，可利用种子繁殖。现在市场上供应量庞大的网草是养殖场利用组培繁殖的，所以价格已经十分低廉。网草喜欢弱酸性软水，光照一定要弱。在碱性硬水中不能存活，光照过强会停止生长，被藻类覆盖。

水蘿科 Aponogetonaceae

气泡草 *Aponogeton boivinianus*

别名：无　　　　　　　　　　　　　自然分布：马达加斯加东北部

基本信息：

较难　　18～26　　6.0～7.0　　2～10　　弱光　　后景

简介：

　　沉水性水草，因叶片的皱曲像气泡一般，所以被称为气泡草。具有近似球状的块茎，能长出带柄的狭椭圆形至狭披针形叶，叶色鲜绿半透明，草高可达 90 厘米以上，是一种大型水草，不适合在小型水族缸栽培。种植时不要将整个块茎都埋入沙子，块茎会缺氧。温度过高或频繁移植会导致进入休眠状态。生长迅速，需要埋设根肥来维持巨大的叶片生长。

水薤科 Aponogetonaceae

皱边草 *Aponogeton crispus*

别名：无　　　　　　　　　　　　自然分布：印度、斯里兰卡

基本信息：

较难　　18～28　　6.2～7.2　　2～15　　中光　　后景

简介：

　　沉水性水草。因具有皱边的狭长叶片而得名。叶呈狭披针形，叶端较尖，叶色为半透明的鲜绿色。在同类中属于小型品种，休眠期短或不明显。夏天开"I"字形白色的穗状集合花序，容易结果及形成种子，可利用种子繁殖。从种子花芽到育成母株需要6～9月的时间，依水中养分及生长条件而定。其块茎呈长椭圆形，通常利用块茎种植，种植时不要将整个块茎都埋入沙子，以免块茎缺氧死亡。喜欢弱酸性软水，中等偏弱的光照，最好能提供根肥。叶片脆弱，移植时容易折断。

水薤科 Aponogetonaceae

大波浪草 *Aponogeton ulvaceus*

别名：大卷边草　　　　　　　　　自然分布：马达加斯加

基本信息：

难　　28～26　　6.0～6.8　　2～10　　中光　　后景

简介：

　　是一种美丽动人的大型沉水性水草，叶薄而呈半透明的鲜绿色，叶身呈皱曲状，叶脉明显，能适应高光量与低光量环境。光量强时，叶柄及叶长较短，叶幅变宽，叶色转暗，叶数减少。块茎呈椭圆形。有休眠现象，水温过高时候很快会进入休眠状态。频繁移植也可能导致休眠发生。在夏天，会开"V"字形白色至黄色的穗状集合花序，容易结果及形成种子，可利用种子繁殖，也可利用块茎增生繁殖。喜欢弱酸性软水，中等光照强度，需要栽培在大型水族箱中。

水蕹科 Aponogetonaceae

那顿浪草 *Aponogeton natans*

别名：无　　　　　　　　　　　自然分布：印度、斯里兰卡

基本信息：

较难　20~28　6.0~7.0　3~12　中光　后景

简介：

　　是一种比较容易长浮叶的沉水性水草，尤其光线较强时。它的浮叶为长椭圆形，长8~16厘米，宽3~6厘米，橄榄绿色，有一长叶柄，水深时，叶柄可达1米以上。水中叶亦呈长椭圆形，但可能更狭长一些，叶片薄而半透明，叶缘稍有皱褶，黄绿色，叶柄可达20厘米以上。成株也有圆形的块茎，一般以块茎栽植。为了防止浮叶生长，一般使用弱光栽培，或者经常将其浮叶剪除。对二氧化碳和肥料的要求高，需要定期添加肥料、人工输入二氧化碳，才能长期维持美丽的草姿。

水蕹科 Aponogetonaceae

海带草 *Aponogeton undulatus*

别名：无　　　　　　　　　　　自然分布：印度、马来西亚、新加坡

基本信息：

较难　18~28　6.0~7.0　2~15　弱光　后景

简介：

　　挺水植物。这种水草是少数能生长在湿地上的水蕹属品种，不过它比较喜欢生长于水中成为沉水性或浮叶性植物。虽有休眠期，但较不明显或休眠时间不长。水上草具有长椭圆形莲座生叶，有短叶柄，植物体鲜绿色，草高通常不超过10厘米。其块茎呈球状至条块状，能从块茎长出须根。水中叶呈狭披针形，绿色，中肋叶脉明显，叶缘有卷曲状，叶薄而有漂逸性，草高可达30厘米以上。水上花呈"I"字形白色的穗状集合花序，花期特别长，种子像小豌豆，可利用种子繁殖，亦能从块茎分生子株繁殖。喜好强光环境，在弱光下也能适应。光线强时，易长出浮叶。

水韭科 Isoetaceae

台湾水韭 *Isoetes taiwanensis*

别名：无 　　　　　　　　　　　　　　自然分布：中国台湾地区

基本信息：

难　　　16～28　　6.0～7.2　　2～12　　强光　　后景

简介：

　　多年生拟蕨类挺水植物。野生种发现于台湾地区阳明山公园的七星山梦幻湖。水上草与水中草同型，它们都具针形叶。植株高7～25厘米，有和大蒜类似的球茎，叶子纤细翠绿，从根部丛生，内侧稍平，外侧微凸，有点儿透明。叶子里面有隔膜隔开的4条气室，可以储存氧气及二氧化碳，以便行光合作用与呼吸作用。对环境适应性非常强，但在水族箱中不爱生长。要提供强光、重肥、高二氧化碳的环境来栽培，并且要保持水温不要太高。

水韭科 Isoetaceae

日本水韭 *Isoetes japonica*

别名：无 　　　　　　　　　　　　自然分布：日本、朝鲜半岛、中国云南及贵州

基本信息：

很难　　　18～28　　6.0～6.8　　2～10　　强光　　后景

简介：

　　多年生拟蕨类挺水植物。水上草与水中草同型，都具线形叶。常生于山沟小溪流水中或水流较慢的浅沼泽地。根茎短而粗，肉质块状，略呈三瓣，基部有多条白色须根。生长速度中等。移植到水族缸内后，栽培稍有困难，需要强光才能生长好，并且要添加根肥和二氧化碳。

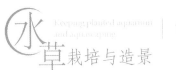

石蒜科 Amaryllidaceae

大喷泉草 *Crinum natans*

别名：大龙鞭草　　　　　　　　　　　　　　自然分布：西非

基本信息：

难　　　18～28　　6.0～7.4　　5～15　　中光　　后景

简介：

　　沉水性水草。除开花之外，完全没入水中生长。具有小的蒜形球（鳞）茎，可由茎顶长出喷泉状的莲座生线形叶，叶宽约3厘米，呈深绿色，叶面有明显的皱褶状，为相当特殊的水草。如果水够深的话，叶长可达2米以上，不过在水族缸中栽培会小型化。开花时，花茎突出水面生长，它的花为缴状花序，有3～5朵花，通常为白花，但在水族缸栽培不容易开花。对水质适应能力不强，需要充足的光照、根肥添加以及二氧化碳的补给，否则容易造成生长不良，甚至逐渐枯萎。

石蒜科 Amaryllidaceae

小喷泉草　*Crinum calamistratum*

别名：小龙鞭草　　　　　　　　　　　　　　自然分布：西非

基本信息：

较难　　18～28　　5.8～7.0　　2～8　　中光　　后景

简介：

　　沉水性水草。除开花之外，完全没入水中生长。具有小的蒜形球（鳞）茎，可由茎顶长出喷泉状的莲座生线形叶，叶幅约0.3厘米，呈深绿色，叶面有明显的皱褶状，主叶脉较粗厚而明显。如果水够深的话，叶长可达1米以上，不过在水族缸栽培会小型化。对光线的要求不高，适应能力较强，比大喷泉容易栽培得多。由于其特殊的形态，是一种受人喜欢的装饰水草。喜欢中到弱光环境，在弱酸性软水中生长良好，光线太强会停止生长，最好能提供根肥。

睡莲科 Nymphaeaceae

红虎睡莲 *Nymphaea lotus*

别名：无 　　　　　　　　　　　　　　自然分布：东非、东南亚

基本信息：

较难　　15 ~ 28　　6.0 ~ 7.2　　4 ~ 15　　中光　　中景

简介：

　　浮叶性植物。水中叶通常呈红色，并有明显红褐色的斑点。嫩叶心形，成叶近圆形，呈绿色，叶缘有锯齿状，叶面的斑点会逐渐消失或色泽变浅，花在夜晚开放，花色乳白。也能长出球茎，但通常不是球形，而是有点凹凸的不规则形状。球茎能长出茎芽，并发育成子株，可将其分株使之独立生长。若水温低于12℃以下，会进入休眠状态，不仅生长停止，叶片也会枯死，残留的球茎在温度回升后会发芽生长。在光线较强时很少长出浮叶，因此可以长期欣赏其美丽的水中叶。若光线过弱或太强，则拼命生长浮叶，失去观赏效果。属于大型水草，需要在大型水族箱中种植。对水质的适应能力强。

睡莲科 Nymphaeaceae

虎斑睡莲 *Aponogeton undulatus*

别名：无 　　　　　　　　　　　　　　自然分布：西非

基本信息：

较难　　18 ~ 28　　6.0 ~ 7.0　　4 ~ 12　　中光　　中景

简介：

　　浮叶性植物。水中叶呈茶色，并有明显褐色的斑点。草姿会随着光照而变，在强光下，叶柄较短，颜色可转为淡紫褐色，非常美丽。浮叶是圆形，呈绿色，叶缘有锯齿状，能开出与一般睡莲相似的白色花朵。虽然能长出球茎，但在水族箱中长不大。不耐寒，休眠不明显，若水温低于12℃，叶片会枯死。不过，其沉水性种子可以越冬，当温度回升后，又发芽生长。水族箱中可以走茎繁殖，但比用种子繁殖速度慢。在水族缸栽培需使用较强的照明，但过强的照明容易形成浮叶，最好将浮叶剪除，以免遮断光线，影响其他水草的生长。

睡莲科 Nymphaeaceae

上图：四色睡莲　下图：四色睡莲叶片中心生出的幼株

四色睡莲 *Nymphaea micrantha*

别名：无　　　　　　　　　　　　　　　　自然分布：西非

基本信息：

较难　　16 ~ 28　　6.0 ~ 7.2　　2 ~ 10　　中光　　中景

简介：

　　浮叶性植物。有白色须根，根茎不明显。叶有沉水叶和浮水叶两种，沉水叶较小，为下部开裂的椭圆形叶，有红褐色叶斑，叶缘无锯齿，呈绿色。浮水叶较大，为下部开裂的椭圆形至圆形叶，刚浮出水面不久的叶片，红褐色叶斑依然存在，但会慢慢消失，叶缘无锯齿，只有皱曲状，呈绿色。能开出与一般睡莲相似的白色花朵。虽然能长出球茎，但生长比率较低。水温低于12℃以下，可能进入休眠或是停止生长。长势较强，易繁殖。可用种子繁殖，也可由根茎分生出小苗，更奇特的是，这种睡莲叶柄和叶身相接处可以直接长出小植株。喜欢弱酸性软水，最好埋设根肥。可在中到强光照环境下正常生长，生长速度较快。

睡莲科 Nymphaeaceae

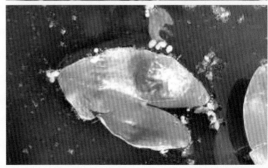

上图：紫荷根的水中叶　下图：紫荷根的水上叶

紫荷根 *Nymphaea* sp.

别名：紫叶膨萍草　　　　　　　　　　　　自然分布：东南亚

基本信息：

较难　　15 ~ 28　　6.0 ~ 7.2　　2 ~ 14　　强光　　中景

简介：

　　浮叶性植物。因其水中叶常呈紫色而得名，俗称紫荷根。可能会让人误以为它是荷根类植物，其实它是睡莲类植物。紫荷根是一种相当美丽而醒目的水草，是睡莲科水草中的精品。早期，它是价格昂贵的名贵水草，现在已经很常见。它的水上浮叶为橄榄绿色圆形叶，与一般睡莲相同，也开白色花朵。很少生长球茎。在水族缸中栽培，因条件不同也可以长出颜色更深的红紫色斑点。生长速度比较缓慢，但对不同水质适应能力比较强。若要使其保持最美丽的红紫色叶片，则需用比较强的光照栽培，并提供根肥和液肥。属大型水草，但在小的水族缸中栽培会小型化。

睡莲科 Nymphaeaceae

青荷根 *Nuphar sagittifolia*

别名：长叶荷根、美国荷根　　　　　　　自然分布：美国

基本信息：

难　　15～26　　6.2～7.2　　4～15　　强光　　后景

简介：

　　浮叶植物，是一种大型水草。水中叶翠绿色，半透明，叶缘略为卷曲，而且比其他荷根明显狭长，看起来相当优雅美丽。水上叶可能是浮叶，也可能是挺水性空中叶（类似荷花），但叶形不是心形而是矢形，很容易与其他同属荷根区别。会开出黄色的花，花形与其他同属水草相似，不容易辨识。具有粗大的匍匐茎，生长于淤泥或沙层中，通常以其匍匐茎栽培，匍匐茎具有浮水性，故种植时要用厚沙掩埋。喜欢肥料，根肥和液肥都会被很好地吸收，在弱光下容易生长浮水叶。

睡莲科 Nymphaeaceae

日本荷根 *Nuphar japonicum*

别名：日本萍蓬草　　　　　　　　　　　自然分布：日本

基本信息：

较难　　15～28　　6.0～7.5　　4～12　　强光　　中景

简介：

　　浮叶性植物。具有大型呈心形的水面浮叶，以及绿色卷曲半透明的水中叶。水上叶可能是浮叶，也可能是挺水性空中叶。花朵小，呈黄色。本种是20世纪90年代初引进的品种，当时相当受欢迎，草姿变化极大，尤其水中叶片大而薄，呈椭圆形、皱曲状，在水族缸中栽培几乎不生浮叶。具有粗大的匍匐茎，生长于淤泥或沙层中，通常以其匍匐茎栽培，匍匐茎具有浮水性，故种植时铺沙要厚。当新长出来的根在沙中固定后，应避免再移动，可保持良好的生长状态。对肥料要求大，需要添加根肥和液肥，在弱光下植株会矮小化。

上图：日本荷根的水中叶　下图：日本荷根的水上叶

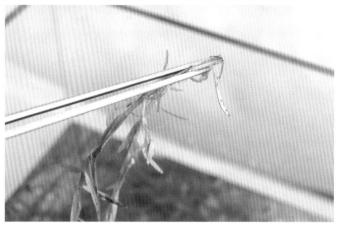

五、欧式水下花园——耐修剪的插茎类
（千屈菜、柳叶菜、玄参等）

当皇冠草、网草、辣椒草达到了观赏水草贸易顶峰的时候，爱好水草栽培的人们也逐渐厌倦了像种菜一样种植这些大叶子的植物。这个时候一种新兴的玩法悄然走入了主流市场——水草造景。真正意义的水草造景最早出现在德国，之后传到了荷兰和丹麦，最后遍布全欧。1960年后传入美国和日本，1990年后传入中国。这样说也许有些不准确，毕竟把水族箱中的水草种得好看是所有人都喜欢干的事情，应当是全世界同步发展的。但，这种活动的理论性基础出现，真正成型是在欧洲完成的。

从第二次世界大战结束到2000年以前，水草造景模式主要是以欧式园艺为基础理论来设计，其中强调色彩和层次。在这种理论的影响下，大叶子的水草显然格格不入。它们一种下去就塞满了整个水族箱，而且不能任意修剪。要制造出如园林一般的花坛、花墙等形态是根本不可能的。插茎类水草开始登上了历史舞台。

上图：千屈菜的花
下图：插茎类的任何枝条都可以直接栽种成活

修长而柔软的茎是插茎类水草的共同特征

插茎类也可以称为有茎类、挺茎类，是一个很大的水草类别，其中包括了十几个科、几十个属的植物。千屈菜科（Lythraceae）、柳叶菜科（Onagraceae）、玄参科（Scrophulariaceae）等是其中的代表品种。这些植物均为挺水性植物，经过人工栽培可以转化为水下植物。它们都有一根修长的主茎，在茎的两侧生长叶片。从茎上任意剪下一段插入底沙中，都能够成长为新的植株。人们为了方便，将这些水草统称为插茎类。插茎类的共同特征还有：单体植株细长、生长速度快、颜色多变。单体植株细长，使它们可以密密麻麻地成片种植，生长速度快使它们耐修剪，可以修剪成需要的高度和形态，颜色多变使种植时色彩极其丰富，而且通过修剪和颜色的搭配可以制造出错落有序的微缩园林景观。

插茎类包含了多个科的植物，它们的
叶片形态各不相同，但都具有同样的
生长习性

插茎类生长繁茂后，为了争夺营养，
经常会生长出水中根

于是，插茎类水草火了，一火就是几十年，直到今天还有很多人钟情于这类水草。

千屈菜科是挺水植物中种类非常丰富的类群，广泛分布在全世界。其中，节节菜属（*Rotala*）的品种最多被用于水族箱栽培。这类水草生长速度快，而且不是很难栽培，非常适合水草造景中的后景草。由于其大多含有一定的花青素，在不同光线下可以展现出绿色、黄色、红色甚至是紫色的姿态，非常绚丽。千屈菜科的其他属也有一些品种被栽培，它们虽然不是很容易养，但颜色更加丰富。夕烧等品种现在还是爱好者非常青睐的水草。

柳叶菜科的植物被作为水草栽培的品种更多，而且很多品种具有悠久的历史，比如丁香蓼属（*Ludwigia*）的成员，其中的丁香草早在 20 世纪 80 年代就传入了中国，是当时很普遍的水草品种。这一类水草同样分布广泛，从南美洲、北美洲到亚洲都有它们的足迹。丁香蓼属的水草突变情况非常多，所以人工培育下得到了很多新品种，这使得其种群的颜色和形态更为丰富。它们也是水草造景中非常不错的后景草。

玄参科中石龙尾属（*Limnophila*）植物也是插茎类中的重要成员，它们被人工栽培的历史比千屈菜和柳叶菜还要早，其中的宝塔草可谓是插茎草中的元老。这类草较前两类更容易存活，而且水中形态往往呈现出羽毛状的叶片，使整株水草看上去毛茸茸的，非常美丽。它们生长速度也很快，而且不像前两种水草那样需要光照强度。不过，它们的缺陷是颜色比较单一，一般只有绿色，偶尔会有红色的品种，其他颜色的很少见。

车前草科（Plantaginaceae）的虎耳草、小二仙草科（Haloragaceae）的绿羽毛草、雨久花科（Pontederiaceae）的艾克草、莼科（Cabombaceae）的菊花草等，也都是插茎草里的重要成员，它们形态各异，五颜六色，生长旺盛，植株细腻，给园艺式水草造景提供了良好的素材。

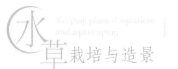
千屈菜科 Lythraceae

宫廷草（绿宫廷）

宫廷草 *Rotala rotundifoliavar*

别名：雪花圆叶　　　　　　自然分布：印度、马来西亚、中国台湾地区等

基本信息：

容易　　16～30　　5.8～7.2　　2～15　　强光　　后景

简介：

　　作为造景水草，有悠久的历史，早在 50 年前就开始人工培育，因为耐修剪、生长速度快、适应性强、颜色会随着光线变化而变化等特性，20 世纪里一直是欧式水草造景的主流品种。挺水性植物，水上草与水中草的形态不同。水上草呈绿色，叶对生，叶片呈圆形，叶质硬挺。水中草为淡绿至黄绿色叶，对生或少数呈三轮生，叶片呈长卵形，叶质柔软。花顶生，花序为穗状花序，白色花。容易适应环境，强光、弱光都能养活，光线过强时可在沙层表面爬行生长，中等光线时矗立生长，光线过弱时叶片很少了，茎拼命向上生长。对肥料的要求不高，但对铁肥的需求量大，缺铁时易产生白化症，所以可以作为水中铁肥含量的指标水草。在光线强并人工输入二氧化碳的环境下，生长速度快。

　　宫廷草的人工培育品种很多，常见的有红宫廷、绿宫廷、粉红宫廷草的。

左图：红宫廷草　　中图：宫廷草的水上形态　　右图：粉红宫廷草

千屈菜科 Lythraceae

上图：普通生长状态下的红蝴蝶草
下图：强光、高二氧化碳环境下的红蝴蝶草

红蝴蝶草 *Rotala macrandra*

别名：无 自然分布：印度

基本信息：

难 18～30 6.0～6.8 4～10 强光 后景 CO₂

简介：

　　挺水性水草，水上草与水中草的形态差异极大。水上草叶对生，叶片圆形，叶质硬挺。水中草叶片披针形、椭圆形、卵圆形等，可谓变化多端，叶质薄而非常柔软，宛如优美的花瓣，又像翩翩起舞的蝴蝶，甚为美丽动人。虽然被人类栽培已经有20多年的历史，但至今仍是红色水草中最经典的品种之一。其颜色会随光照强度的不同有所差异，主要由花青素、叶绿素及胡萝卜素三种色素的浓度组成来决定。光线很强时，颜色红艳，中等光强时呈现粉红色，光线不足时呈现褐色。喜欢弱酸性软水，但对水中的钙质有一定要求，缺钙时易导致叶片发生卷曲的症状。对铁肥、钾肥的需求比一般水草高，栽培时应定期给予液肥，并保证人工二氧化碳的输入。生长速度快，采取插茎繁殖。

　　红蝴蝶草变种很多，其中最有名的是青蝴蝶草和迷你红蝴蝶草。

左图：尖叶红蝴蝶草　中图：迷你红蝴蝶草　右图：豹纹红蝴蝶草

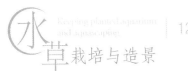

千屈菜科 Lythraceae

上图：青蝴蝶草　　下图：青蝴蝶草变种稻穗草

青蝴蝶草 *Rotala macrandra*

别名：绿蝴蝶草　　　　　　　　　　自然分布：红蝴蝶草的变种

基本信息：

较难　　18～28　　6.0～7.0　　4～8　　中光　　后景

简介：

　　水上草与红蝴蝶草基本一样，只是叶片更小。水中草生长快速。在高光度、高二氧化碳及肥料充足的水族箱中栽培，水中草能长出披针形至椭圆形的柔软叶片，一般是青色，也可能栽培出青中泛红的叶片，尤其当肥料充足时，其叶脉亦可能转为红色，并出现细致的纹路，其美丽的姿态并不亚于红蝴蝶草。不过，要养美丽，需要严格控制光照强度和肥料的供给。

千屈菜科 Lythraceae

红松尾草 *Rotala wallichii*

别名：无　　　　　　　　　　　　自然分布：东南亚地区

基本信息：

难　　18～28　　6.0～6.8　　2～8　　强光　　后景

简介：

　　挺水性植物，水上草与水中草的形态不同。水上草为绿色叶，8～10枚轮生，叶片呈针形，叶质硬挺。水中草顶叶常呈红色，但下半部叶常呈棕绿色，10～13枚轮生，叶片呈长针形，叶质柔软。花顶生，花序为穗状花序，淡桃红色花。水中草对环境的适应能力很差，如果pH值产生剧烈变化，会导致叶全部脱落，甚至死亡。喜欢经常换新水，但新水带来的水质波动会影响它的生长。强光和二氧化碳的输入是必要的，对肥料的要求适中，最好定期添加液肥。喜欢弱酸性软水，在水族箱中成片栽种，条件合适时候，会呈现出一片粉红的色彩。

千屈菜科 Lythraceae

小杉叶草 *Rotala hippuris*

别名：水杉草　　　　　　　　自然分布：中国台湾地区、日本

基本信息：

容易　　15～28　　5.8～7.2　　2～12　　中光　　后景

简介：

　　挺水性水草，喜潮湿、凉爽和光照充足的环境。茎细长，下部匍匐延伸且多分枝，上端倾立至直立而少分枝，水上草高度通常不会超过20厘米。叶深绿色至褐色。花小型，单出或数朵，淡粉红色。水中叶8～15枚轮生，狭长线形，长3～8厘米，宽约0.1厘米，质地柔软，黄绿色至红褐色，依光照条件而定。刚开始进行水中化期间，新长出来的线形叶有些像松叶，不仅较粗短，而且质地没有那么柔软。水中茎软，生长速度快，如果水够深，水中草可以长高至100厘米以上。容易栽培，喜肥，但能适应肥料贫瘠的环境。在强光下栽培很容易泛红，随着生长颜色变化无穷，是水草造景的好材料。

千屈菜科 Lythraceae

南美小圆叶 *Rotala wallichii*

别名：红色小圆叶　　　　　　　自然分布：巴西

基本信息：

难　　18～28　　5.8～6.8　　2～8　　强光　　中景

简介：

　　挺水性植物，来自巴西亚拉圭亚河（Araguaia River）流域。水上草可以长成鲜红色的粗茎，叶十字对生，椭圆形，黄绿色至橄榄绿色。水中草的茎通常黄绿色，叶椭圆形，叶长约1厘米，宽约0.6厘米，随着光线变强，能成为茶色或红色。生长缓慢，如果光照、二氧化碳或肥料不足，会变得矮小，而且下部的叶片容易脱落；相反，如果肥料、光照和二氧化碳充足，它会矗立生长，植物体硕壮肥大。由于生长缓慢，所以修剪的机会不多，是水草造景的好素材。

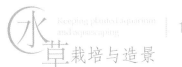

千屈菜科 Lythraceae

细百叶草 *Rotala verticillaris*

别名：火花百叶草 　　　　　　　　　　自然分布：中国香港地区

基本信息：

容易　　16～28　　6.0～7.2　　2～12　　中光　　后景

简介：

　　挺水性植物。水上叶通常是 4 轮生鲜绿色卵形叶，转为水中叶之后，变为 10～12 枚针形或线形叶，有些类似松尾，不过颜色不同。水中叶色黄绿至金黄，生长速度快。喜欢中等偏强的光照，中性到弱酸性软水。如果人工输入二氧化碳并给予较强的光线，光合作用将会很旺盛，所有的叶子上布满了小气泡，很像圣诞树。对磷酸盐和铁肥的需求量高，在肥料充足时，茎粗壮，叶片长而伸展。采用插茎繁殖。

千屈菜科 Lythraceae

南美小百叶草 *Rotara pusilla*

别名：无 　　　　　　　　　　　　　自然分布：南美洲

基本信息：

容易　　18～28　　6.0～7.2　　2～10　　强光　　后景

简介：

　　双子叶类植物，挺水性水草，它与南美原产的水松叶 *Rotara pusilla "tulasne"* 血缘很近，无论是水中叶或水上叶都不容易区分，尤其是水上叶，水上叶通常生于河边湿地上，红色的茎上具有 3～4 轮，以 3 轮最为常见，宽线形或狭披针形，黄绿色或绿色的叶片，花小呈红色，蒴果为球形水中叶的叶片呈狭披针形，3～4 片叶轮生，呈黄绿色，叶片比水松叶宽大些，且较能保持红色的茎，不至于转绿，生长速度中等，养殖容易，即使在不添加二氧化碳的水族缸里，只要稍给予一些明亮的光线也能养殖。若添加液肥，则生长迅速。

千屈菜科 Lythraceae

牛顿草 *Didiplis diandra*

别名：无　　　　　　　　　　　自然分布：北美洲南部、墨西哥

基本信息：

| 很难 | 18～27 | 5.8～6.8 | 2～6 | 强光 | 中景 | CO_2 |

简介：

　　挺水性水草。一种优美纤细的水草，其水上草宛如绿色的地毯般密生于湿地上，植物体又小又软，具有长椭圆形十字对生而茂密的叶片，茎顶可能因阳光的照射而呈茶色。在水中生长，叶子变得又细又长，能开赤色的小水中花，茎节能分出许多分枝而生长，草高可达30厘米，分枝很多，丛生，适合生长于低硬度水中，在欧洲深受栽培者喜爱。市场上出售的多是水上草，因为水上草养殖成本低。虽然可以逐渐转化为水中草，但是不容易成功，即使栽培条件非常好，转水成功的概率也不高于50%。水中草对水质的变化相当敏感，当移植或水质的变化过大时，通常会发生病变出现黑色腐烂、茎上出现小疙瘩、叶片腐烂等症状，称为"重新调适的症候群"，轻者生长停止，重者叶片和茎逐渐黑化死亡。需要提供稳定的生长环境，强光下叶子呈现粉红色到红色，弱光下叶子是黄绿色的。最好能人工输入二氧化碳，并定期施加铁肥。在稳定环境下生长非常茂密，是水草造景的好材料。

上图：牛顿草

下图：水质突变导致牛顿草枯萎

右图：强光下生长旺盛的牛顿草

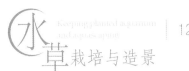

千屈菜科 Lythraceae

红柳草 *Ammannia gracilis*

别名：无　　　　　　　　　　　　　　自然分布：非洲热带地区

基本信息：

   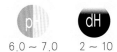

较难　　20～28　　6.0～7.0　　2～10　　强光　　后景　　CO_2

简介：

　　挺水性植物，水上草与水中草不同型。水上草常生长于湿地的水洼和水田等地，匍匐在地面上的茎绿中带点儿红色。草茎较为粗大，比重轻，在水中有很大的浮力。水上叶呈卵形对生，叶色绿中泛红，易于秋天开花，并结成红色的果实，果实很小，生于叶腋上。在水中环境生长，其水中叶呈线形对生，无叶柄，羽状叶脉，有些变种叶脉明显呈网络状。生长条件好时，叶片会增大。在水族箱中，全草呈鲜红色或红褐色，是一种非常有装饰性的水草。其颜色是否表现出最美丽的红艳与光照和肥料有密切关系。只有强光、重肥的时候，才会呈现鲜艳的红色。人工输入二氧化碳是必要的，否则颜色会变淡。喜欢弱酸性软水，在适宜的环境下生长速度很快。刚刚作为观赏水草时很受人们欢迎，后因为植株大，生长速度快，不适宜造景使用而被淘汰。

千屈菜科 Lythraceae

上图：夕烧草　下图：水质突变后衰败的夕烧草

夕烧 *Ammannia sp. sulawesi*

别名：无　　　　　　　　　　自然分布：印度尼西亚苏拉威西岛

基本信息：

| 极难 | 20～28 | 5.5～6.8 | 2～4 | 强光 | 中景 | CO_2 |

简介：

挺水性植物。这种水草目前只发现于印度尼西亚的 Sulawesi 岛。水上草与水中草基本同型，都具有十字对生的椭圆形或长椭圆形叶片，但水中草通常较大。水上叶呈绿色，水中叶多呈红色，很像晚霞的色彩，故名夕烧，源自日文汉字，是晚霞的意思。叶片颜色可从橘子颜色变到暗红色，依光照强度而定。生长速度缓慢，难以栽培，应当是插茎类水草中最难栽培的品种。喜欢弱酸性软水，对水质变化非常敏感，硬水和中性水中不能存活。不能种植在沙子中，要使用泥丸栽培。人工输入二氧化碳是必需的，需要强光栽培。由于生长缓慢，很容易滋生藻类。水中营养盐不足又会因营养不良而枯萎。最好在已经成熟的水草水族箱中种植，借助其他水草的生长为其控制未定的水质环境。虽然很多发烧友努力在使用这种水草作为造景材料，但失败的占大多数。

鲜艳的红色：

理论上讲，所有千屈菜、柳叶菜科的水草在一定的环境下都可以变成不同程度的红色。追求鲜艳的红色是很多爱好者的理想，为此我们不断摸索得到红色的方法。

总结起来有四点能帮助我们得到红色：一是要强光，光线弱的情况下，即使红色的草也会变成褐色；二是人工输入二氧化碳，刺激水草疯狂生长；三是保持较低的水温，即使在炎热的夏天也不要让水温超过27℃，这是保持红色的关键；四是要控制施肥，在强光、高二氧化碳的情况下，如果提供很多的肥料，会让水草徒长而失去原本的色彩。

柳叶菜科 Onagraceae

丁香草 *Ludwigia palustris*

别名：丁香蓼、红玫瑰、叶底红　　　　　自然分布：北美东部

基本信息：

容易　　20～28　　6.0～7.2　　2～15　　强光　　后景

简介：

　　挺水性水草。是很早就被人工栽培的观赏水草，大概有30年以上的栽培历史。水上草叶片呈长披针形至长卵形，叶十字对生，叶底通常为红色，叶面是绿色或茶绿色，和叶底红相似。会自叶腋开出黄色小花。水中草的叶片略为增大，节间变短，依光照强度不同，叶片呈现绿色或黄绿色，甚至艳红色。它对水质的适应范围相当广泛，由强软水至弱硬水，弱酸性至弱碱性的水质皆能生存。喜欢强光，在弱光下容易掉叶。

柳叶菜科 Onagraceae

卵叶丁香草 *Ludwigia ovaris*

别名：椭圆丁香草　　　　　　　　　　　自然分布：日本

基本信息：

容易　　18～28　　6.0～7.2　　2～12　　强光　　后景

简介：

　　挺水性水草。它的水上叶略呈椭圆形或卵形，叶形与丁香草相似，但叶尖较圆滑。互生叶，亮黄绿色。会自叶腋开出黄色小花。其水中叶的叶质柔软，外形与水上叶相似，唯在水质优良的栽培环境中会略为扩大。叶面和叶背的颜色相同，黄绿色、茶绿色至粉红色不等，尤其在强光及低温下，它的顶叶会转成淡粉红色以至红色，相当漂亮。草姿优美，是本属中颇受喜爱的品种。栽培稍有难度，如果光照不足，或未人工输入二氧化碳，它的生长状况会逐渐下降，乃至枯死。对水质要求不严格，肥料的需求量不大。

柳叶菜科 Onagraceae

上图：肥料充足时的红唇丁香草
下图：肥料不足时的红唇丁香草

红唇丁香草 *Ludwigia senegalensis*

别名：无　　　　　　　　　　　　　　自然分布：非洲几内亚

基本信息：

较难　　20 ~ 28　　6.0 ~ 7.0　　2 ~ 8　　强光　　后景　　CO_2

简介：

　　挺水性水草。水上草具有互生的卵形至椭圆形叶，叶片厚实，叶色绿褐色至红褐色，茎红色，能从叶腋开出黄色的小花。水中化之后，茎节拉长，叶形转为披针形至椭圆形。叶色橄榄绿带有红色的网纹，光强时，红色区域增多。生长速度缓慢，但栽培难度不大。光线一定要足够强，肥料也不能缺，否则底部的叶片容易脱落，或者发生叶片向下卷曲的症状。输入二氧化碳可加速生长，而且效果相当明显。成丛栽培，可展现特有的红色纹理，是欧式水下花园造景中的优秀材料。

柳叶菜科 Onagraceae

上图：强光重肥下的豹纹丁香草　下图：普通栽培条件下的豹纹丁香草

豹纹丁香草 *Ludwigia inclinata*

别名：柳叶水丁香　　　　　　　　　　自然分布：中南美洲

基本信息：

较难　　20 ~ 28　　6.0 ~ 7.0　　2 ~ 8　　强光　　后景　　CO_2

简介：

　　挺水性植物。它的水上叶为长卵形，叶序对生，叶脉明显，黄花自叶腋开出，大而明显。叶色为绿色、茶色或咖啡色都有可能，依季节不同而异。其水中草叶面的脉纹明显，故称豹纹丁香。叶质薄，具有飘逸性，看起来婀娜多姿，形态优雅美丽而有价值感，总让人有想要栽培的冲动。栽种并不容易，对水质的适应能力不强。需要强光、重肥和高二氧化碳的环境，不过最初种植时，光线不宜太强，否则会造成新芽枯死。如果栽培得好，会展现出粉嫩的颜色，非常优美。

柳叶菜科 Onagraceae

上二图：古巴叶底红草

下图：古巴叶底红变种——龙卷风叶底红草（烟花草）

古巴叶底红草 *Ludwiga inclinata* var.

别名：新叶底红　　　　　　　　　　　　　　自然分布：古巴

基本信息：

较难　　20～28　　6.0～7.0　　2～8　　强光　　后景　　CO₂

简介：

　　为豹纹丁香的多轮生自然变种，水上草与水中草有很大的差异，水上草具有硬挺的红茎，翠绿色的厚叶，叶序为披针形互生叶。水中草的茎依然挺拔，但红色退去，叶质相当柔软，呈黄绿至橙红色，叶形为狭披针形，10～12 枚轮生。这种水草的栽培并不难，只需一般的条件，包括中等光量，有二氧化碳输入以及按时施肥。喜欢弱酸性软水。如果用强光、重肥、高二氧化碳来栽培，不仅生长迅速，而且生长品质佳，颜色非常艳丽。

古巴叶底红再经变异和人工选育，在近两年得到了烟花草——龙卷风叶底红 *Ludwigia inclinata* var. *verticillata* "Tornado"。

柳叶菜科 Onagraceae

上图：红太阳草的水中形态

下图：红太阳草的水上形态

红太阳草 *Ludwiga inclinata* var.

别名：无　　　　　　自然分布：南美巴西境内 Pantanal 沼泽地区

基本信息：

难　　20～28　　6.0～7.8　　2～6　　强光　　后景　　CO₂

简介：

　　挺水性植物。为豹纹丁香的野生变种。它的水上草与同属的古巴叶底红很容易区别，二者的水中草却非常相像。与古巴叶底红的不同在于，叶质较厚实一些，强光下全草呈现红色，生长速度较慢。水上叶为鲜绿色，水中叶转为黄绿至艳红色。当叶密生或茎节短时，从上往下俯视，好像一朵美丽的菊花。2010 年后被引种，很受人们的欢迎。很难栽培，易发生顶叶白化，进而溶化死亡的症状。必须提供水质稳定的软水、强光照、丰富的肥料特别是铁肥以及人工输入二氧化碳才能养活。一般很少出现分枝，生长过高而剪断后，顶端一节容易死亡。因此，插茎繁殖难度也不低。

柳叶菜科 Onagraceae

小红莓草 *Ludwigia arcuata*

别名：无 　　　　　　　　　　　　　　自然分布：北美洲

基本信息：

难　　18～28　　5.8～6.8　　2～8　　强光　　后景

简介：

　　挺水性水草，水上草与水中草不同型。水上草的叶片为披针针形，十字对生，为同属中最小者，叶底和茎带有红色，但整株水草从上往下看为亮绿色植物。能由叶腋开出黄色的花朵。水中草的叶型有很大的变化，叶长增加，叶长尖细如针。喜欢强光，在水族箱中栽种有些困难。在水中生长，叶子会变成草莓红色的。这种草栽培有困难，想要种得出色更不容易，所以并不适合新手栽培。直接将水上草种植于水族箱中，至少约需要2个月以上的时间才能完全转化为水中草，生长速度较为缓慢，想要欣赏它那优美的草姿，需要栽培很长时间。喜欢强光环境，对肥料要求不苛刻，需要铁肥的补充，做好人工输入二氧化碳。

柳叶菜科 Onagraceae

上图：大红莓草的水中形态
下图：大红莓草的水上形态

大红莓草 *Ludwigia* sp.

别名：无 　　　　　　　　　　　　　　自然分布：南美洲

基本信息：

较难　　18～28　　5.8～6.8　　2～10　　强光　　后景

简介：

　　挺水性植物。形态与小红莓草类似，但叶片比小红莓草宽大，故名大红莓草。2010年后才被广泛栽种的品种，多用于水草造景。水上草具有十字对生的披针形叶，深绿色，茎红色，常在湿地上成丛匍匐生长，或漂浮于沼池水面生长，能从叶腋开出黄色小花。水中化之后，茎矗立生长，叶转为十字对生的狭披针形叶，叶面比小红莓草宽大，通常顶端的叶片是红色，下部的叶片是绿色，富于变化。生长速度快，修剪时可以拦腰剪断，向培育的环境中适时添加二氧化碳及底床肥料会有很好的效果。如果不人工输入二氧化碳，则颜色不会很鲜艳。喜欢强光到中强光环境，水温低时叶片红色也会消失。

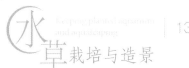

玄参科 Scrophulariaceae

瓜子草 *Lindernia rotundifolia*

别名：圆叶母草、迷你虎耳　　　　自然分布：亚洲南部大多数水域中

基本信息：

容易　　15～30　　6.0～7.2　　4～15　　强光　　后景　　CO_2

简介：

　　挺水性植物。叶序十字对生，叶形长得有些像瓜子。水中叶的叶宽0.5～1.0厘米，叶长1～1.5厘米，叶色黄绿，很容易从叶腋长出侧芽或分枝。生长迅速，如果不适时修剪，很快就会长至水面，甚至突出水面长出水上叶。对水质的适应能力广泛，可在软水至中硬水中种植，pH控制在6.0～7.0，生长品质较佳。除了需要较强的光照外，对肥料的需求量中等，不必人工输入二氧化碳。是很早就被引种的水草品种，因为经济价值低，现在市场上已很少见。

玄参科 Scrophulariaceae

三角叶草 *Limnophila aromatica*

别名：紫苏草　　　　自然分布：中国、日本、南亚、东南亚及大洋洲

基本信息：

较难　　18～28　　6.0～7.0　　2～10　　强光　　后景　　CO_2

简介：

　　挺水性水草。水上叶椭圆形至长椭圆披针形。水上叶对生或三轮生，无叶柄，叶缘有锯齿状，叶色翠绿，在强光照下生长会泛红，能由叶腋开出淡紫色的花朵。水中叶呈长三角形，多轮生，叶长可达6厘米以上，叶色依光照强度从绿色至红色都有可能，以红色的草姿最受人喜爱。有很强的适应能力，种植并不很困难，不过要想养漂亮，必须要提供充分的光照、优良的肥料以及足够的二氧化碳。在不人工输入二氧化碳的情况下生长缓慢，草体明显矮小。肥料不足时会出现叶片白化，但只要改善栽培条件，立即又翠绿如初。

玄参科 Scrophulariaceae

上图：大宝塔草的水中形态
下图：大宝塔草的水上形态

大宝塔草 *Limnophila aquatica*

别名：无　　　　　　　　　　　　自然分布：印度、斯里兰卡

基本信息：

容易　　18～28　　6.0～7.0　　4～12　　中光　　后景

简介：

　　挺水性植物。水上草与水中草不同型，水上草的叶片较肥厚，狭披针形三轮生叶，叶端尖细，绿色，叶缘有细锯齿状，在叶腋会长出花梗，开出粉紫色的漏斗形花朵，茎上常有茸毛。水中草的叶片为羽状叶，18～22枚轮生，叶色黄绿，以平面伸展的方式由茎向外扩散生长。在水温很低时，它新长出来的水中叶也可能成为类似水上叶的狭披针形叶，或者为半狭披针形叶，即茎基部上仍维持羽状叶的形态，茎顶部却长出狭披针形叶。这种在同一株水草上表现出两种完全不同的水中叶形，在其他水草中相当罕见。属大型水草种类，栽培并不困难。喜欢中等光照，光照过低会导致掉叶，光照过强会滋生藻类。生长速度快，需要频繁修剪。在1990年前后被作为观赏水草引种，当时属于高档水草，现在已经非常普及。

玄参科 Scrophulariaceae

宝塔草 *Limnophila sessiliflora*

别名：无

自然分布：印度、巴基斯坦、印度尼西亚、日本、斯里兰卡

基本信息：

容易　　18～28　　6.0～7.0　　4～12　　中光　　后景

简介：

　　挺水性水草。它的水上草与水中草不同型。水上草的叶为带状裂叶，十枚轮生，叶色翠绿。水中草为细长羽状叶8～13枚轮生，叶色翠绿，茎顶新叶有时是茶色，依光照强度而定。对新环境的适应能力强，在水族箱中种植，只要是软水、光线强及有施肥，它即能生长良好。如果水温适当，再配合输入二氧化碳，能培养出短茎节及大轮生叶的草姿。水温若超过28℃，生长迅速，若未适时追加肥料，茎节可能会拉长。

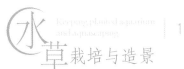

玄参科 Scrophulariaceae

珍珠草 *Hemianthus glomeratum*

别名：无　　　　　　　　　　　　自然分布：古巴、美国东南部

基本信息：

非常容易　　10 ~ 30　　5.5 ~ 7.5　　2 ~ 15　　强光　　中景

简介：

　　是水草造景材料草中最容易存活、生长速度最快、最耐修剪的小型品种。野生是一种小型湿地匍匐植物。水上草与水中草皆有枝条，细而柔软的茎，茎上长着 3 ~ 4 片的轮生叶，呈长卵圆形，翠绿色。水中叶较水上叶稍大，质地柔软，叶色也较淡，叶端较尖。水上草可以直接转化成水中草。对水的硬度与温度适应广泛，喜欢强光和超强光照。成束栽植于较空旷的地方，茎节容易生根，并长出许多分枝侧芽，很快形成巨大的草丛。在花园式造景中常被修剪成一丛一丛的草球。是相当受欢迎的种类，20 年来经久不衰。由于叶片细小，还很适合现在流行的小型和微型水草造景缸栽种。如果人工输入二氧化碳，其生长速度是惊人的。

玄参科 Scrophulariaceae

矮珍珠草 *Glossostigma elatinoides*

别名：无　　　　　　　　　　　　自然分布：大洋洲

基本信息：

容易　　18 ~ 28　　6.0 ~ 7.0　　2 ~ 12　　强光　　前景

简介：

　　本草是目前水草造景中最常用的前景水草，大约在 1995 年后开始在市场上出现，因为当时的栽培条件不能将这种水草养好，所以没有受到重视。2005 年后，随着各种新型设备的引入，这种水草成片趴伏生长的姿态终于打动了大多数人。野生为挺水性植物。水上草与水中草同型，叶对生，呈卵形或匙形。水上草在合适的环境中可以直接转化成水中草。在光线够强的水族箱中，其茎爬行于底床生长。新芽会整齐地分布在栽植处，覆盖于最上层的底沙上，像地毯般蔓延开来，是最典型的前景草。如果光线不够强，茎会垂直向上生长，失去美感。栽培不困难，需要中性到偏酸性软水，强光照环境，如果想得到〝绿地毯〞样的旺盛姿态，必须人工输入二氧化碳。

玄参科 Scrophulariaceae

迷你矮珍珠草　*Hemianthus callitrichoides*

别名：无　　　　　　自然分布：古巴首都哈瓦那（Havana）西部沼泽地

基本信息：

容易　　16 ～ 28　　6.0 ～ 7.2　　2 ～ 12　　强光　　前景　　CO_2

简介：

　　是近几年才被利用的水草。挺水性植物，水上草与水中草同型。水上草具有圆形对生叶，叶色翠绿，能在湿地上匍匐生长，生长速度中等。用作前景草栽培，让它蔓延生长成一大片，如绿地毯一般覆盖着底床表面，相当吸引人，因此已逐渐成为水草造景的新宠。由于它实在太小，种植时有些困难，栽植之后很容易因浮力或鱼的扰动而漂浮起来，只有扎根后，才能顺利生长。因植根浅，不容易直接吸收到根肥的养分，根肥和基肥都派不上用场，因此要施用液肥。在强光下生长旺盛，喜欢弱酸性软水，用作造景时，为了提高生长速度，人工输入二氧化碳是必需的。

玄参科 Scrophulariaceae

北极杉　*Hydrotriche hottoniflora*

别名：无　　　　　　　　　　　　　自然分布：马达加斯加

基本信息：

容易　　15 ～ 28　　5.8 ～ 7.2　　2 ～ 15　　强光　　后景　　CO_2

简介：

　　挺水性植物。水上草与水中草同型，但水中草要比水上草高大。特征是在一矗立生长的茎轴上，会长出衫叶般的针形叶。水上叶与水中叶皆呈黄绿色。水上茎短而细，针形杉叶 10 ～ 15 枚轮生，草高不超过 10 厘米。对水质的适应能力强，喜强光，也能适应弱光环境。多用于水草造景的后景草。

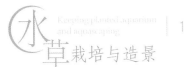

玄参科 Scrophulariaceae

薄荷草 *Lindernia anagallis*

别名：小叶草、水薄荷　　　　　　　　自然分布：日本、东南亚

基本信息：

较难　　15～28　　6.0～7.0　　2～12　　强光　　后景　　CO_2

简介：

挺水性水草。水上草与水中草同型，有淡薄荷味。一年生草本植物，叶为单叶，对生，具短柄，卵形，鲜绿色，叶基钝形或心形，叶尖钝形，叶缘为钝锯齿缘。水上草生长迅速，但水中草生长缓慢。种活并不困难，如果想种得漂亮，则需要强光、重肥的环境。

玄参科 Scrophulariaceae

大红叶草 *Ludwigia glandulosa*

别名：无　　　　　　　　　　自然分布：亚洲南部、大洋洲

基本信息：

较难　　18～28　　6.0～6.8　　2～12　　强光　　后景　　CO_2

简介：

挺水性植物。水上草与水中草皆为三枚螺旋排列的互生叶，叶披针形，但水上草的植物体只有在冬季时为红色，匍匐地面生长，其余季节的叶均为绿色，茎仍维持红色，但向上矗立生长。是少数较易栽培的红色水草种类，只要将水上草种植到水族箱里，配合二氧化碳及肥料的添加，大约一周后便开始生根发芽生长，原来的水上叶会渐渐水中化。对水质的适应能力强，但一定要用强光栽培。

唇形花科 Lamiaceae

百叶草　*Pogostemon stellatus*

别名：紫百叶草、凤尾草、孔雀尾草　　　自然分布：热带亚洲、大洋洲

基本信息：

| 难 | 18～28 | 6.0～7.2 | 4～14 | 强光 | 后景 | |

简介：

　　挺水性植物。水上草与水中草不同型。水上草的茎较粗，茎上长着长卵形的鲜绿色叶，约 6 枚轮生，叶缘有明显的锯齿状。水上叶无法适应水中环境，种植到水族箱后会枯萎腐烂，新的水中叶在水上叶枯萎之前会陆续长出。水中叶呈线形，5～14 枚轮生，叶黄绿色至红色，依水质及光环境而定，叶底为紫色，是该水草的主要欣赏点。是 1990 年前后引种的名贵水草，现在已相当普及。在夜晚，叶片包合时露出紫色叶底，十分显眼。需要弱酸性软水，对水中的钙质含量有一定要求，否则会烂叶。喜强光，弱光下不能生长。需要人工输入二氧化碳。由于植株比较大，加上难以栽培，现在已经很少用于水草造景。

雨久花科 Pontederiaceae

艾克草　*Eichhornia diversifolia*

别名：无　　　　　　　　　　　　　　　自然分布：南美洲

基本信息：

| 难 | 18～28 | 5.8～6.8 | 2～8 | 强光 | 后景 | |

简介：

　　浮水性植物。叶十字互生，翠绿至黄绿色，有 5 条细长的叶脉。当顶芽抵达水面时，一定会逐渐长出浮叶来，而且一旦浮叶长出，摘除顶芽重新栽种至水中，就再也不会转成水中叶，所以必须将浮叶剪除后再栽种。也会从叶腋长出水上的花茎，并开出蓝紫色的美丽花朵，但在水族箱中不容易开花。喜欢弱酸性软水，需要中等光照，最好人工输入二氧化碳。种植在沙子中生长不好，需要泥丸作为底床。比较难栽培，如果环境不适，叶片会变成黑色而枯萎死亡。

雨久花科 Pontederiaceae

长艾克草 *Eichhornia azurea*

别名：大艾克草   自然分布：南美洲

基本信息：

| 难 | 18～28 | 5.8～6.8 | 2～8 | 强光 | 后景 | |

简介：

    浮水性植物。水中叶翠绿色，互生于茎干两侧，叶子线形，单一叶脉而没有叶柄，长 10～20 厘米，整个水中叶看起来像一根大羽毛。很喜欢长出浮叶，当新芽抵达水面时就很快产生粗茎的圆水上叶，不久会开出淡蓝紫色花朵。由于其水中叶的生长速度很快，在短期内便可浮出水面，所以必须经常修剪、重新栽种。水中叶很脆弱，容易受损发黑，栽种或移植时必须小心。需要栽种在比较深的水族箱中，喜欢中到强光，弱酸性软水。最好种植在泥丸中，在沙子中生长不好。需要人工添加二氧化碳。这种水草乍一看很美丽，但栽种后会发现非常难打理，而且不适合造景。现在已经很少有人种植，市场上也不多见。

雨久花科 Pontederiaceae

杜邦草 *Zosterella dubia*

别名：无   自然分布：南美洲

基本信息：

| 较难 | 15～28 | 7.0～8.0 | 5～18 | 中光 | 中景 | |

简介：

    挺水性植物。水上草与水中草不同型，水上草的叶片肥厚，披针形互生，短且窄，亮绿色。花为黄色，有 6 枚花瓣，顶生。水中草的叶片为深绿色至棕绿色线形叶，叶较长时稍有不规则的扭曲状，叶形很像眼子菜属（*Potamogeton*）品种，但缺少突出的叶脉，且不透明。茎细长，可能弯曲生长，长度可达 2 米。能适应低水温，水温较高时生长相当快速。会从叶腋不断长出新的分枝。喜欢生长在硬度较高的弱碱性水中，当水质和光照大幅波动时，会停止生长，顶叶枯萎。整体来讲，栽培并不困难，但由于对水质的要求与大多数水草有差异，故栽培者很少。

雨久花科 Pontederiaceae

小竹叶草 *Heteranthera zosterifolia*

别名：无 　　　　　　　自然分布：阿根廷、巴西、玻利维亚、巴拉圭

基本信息：

较难　　20～28　　6.0～7.0　　2～8　　强光　　中景

简介：

　　挺水性水草。水上草与水中草同型，但水上草的叶片呈披针形互生，较短且窄，叶质较肥厚，亮绿色。能在潮湿的土壤上生长，生殖力强。水上草可以直接转化成水中草。水中叶呈狭披针形，叶色黄绿，很像竹叶。茎较细，在生长时，茎顶垂直向上生长，茎身则横向倾斜。茎顶附近的节间较茎中央的节间短，叶也较密生。特别易长出水生根，可以将长根的茎切取繁殖新株，存活率高。对水质要求不严，但水质和光照突然变化时会停止生长，甚至死亡。

莼科 Cabombaceae

菊花草 *Cabomba caroliniana*

别名：绿金鱼草 　　　　　　　　　　自然分布：中美、南美

基本信息：

非常容易　　15～28　　6.0～7.5　　2～16　　中光　　后景

简介：

　　沉水浮叶性植物。具有鲜绿色至深绿色的羽状叶，从水面俯视，好像是一朵绿色的菊花，为最早被引种到水族箱中的水草之一。具有互生的羽状叶，也会长出绿色的圆形浮叶。生长快速，可在建缸初期栽种，用来吸收过量的氮肥和磷肥。光线较弱时，茎节会拉长，叶片无法全开。可适应广泛的水温及水质变化，喜欢弱酸性软水。必须定期修剪，否则会遮蔽水族箱中的全部光线。

莼科 Cabombaceae

红菊花草 *Cabomba furcata*

别名：红金鱼草　　　　　　　自然分布：中美、南美

基本信息：

难　　15~28　　6.0~7.2　　2~12　　强光　　后景　　CO₂

简介：

　　沉水性植物。具有红紫色的羽状叶，下部叶片呈绿色至红色，顶芽则是美丽得像一朵红色的菊花。具有三轮生沉水叶，也会长出红紫色的圆形浮叶。光线不够时，全草很容易变成绿色。喜欢酸性软水，需要经常换水，保持水的清澈和微量元素充足。对肥料要求量大，需要基肥和液肥并用。栽培时需人工输入二氧化碳，光线要很强。是很不容易栽培的水草品种。

车前草科 Plantaginaceae

虎耳草　*Bacopa caroliniana*

别名：无　　　　　　　　自然分布：北美南部、中美、南美

基本信息：

容易　　18~28　　6.0~7.2　　2~12　　中光　　后景

简介：

　　挺水性植物。水上草的茎长满密密麻麻的茸毛，散发一种特殊的臭味，少虫害，生长茁壮坚实。叶十字对生，叶色翠绿，椭圆形。生命力甚强，即使在贫瘠的土地也能生长良好。水中化之后，植物体的茸毛完全消失，叶质较薄，黄绿色，褐色叶脉很像花纹，健壮挺拔。作为观赏水草引种时间比较早，种植容易，但缺少水草的飘逸感，现在已经很少有人养。喜肥，肥料充足时能在水中开花。对光照的适应能力强，强光下，叶片顶端呈现黄褐色或粉红色。

车前草科 Plantaginaceae

紫虎耳草 *Bacopa araguaia*

别名：无　　　　　　自然分布：巴西阿拉瓜亚河（Araguaia River）流域

基本信息：

| 较难 | 18 ~ 28 | 6.0 ~ 7.0 | 2 ~ 10 | 强光 | 后景 | CO_2 |

简介：

　　挺水性植物。是为数不多的叶片可以呈现紫色的插茎类水草之一，一直很受重视。水上草与水中草同型。水上草的叶十字对生，叶色翠绿，长椭圆形，但叶端较窄。它的茎看起来相当结实，能矗立生长，也能匍匐生长。水中叶的叶质较薄而略带半透明感，叶色黄绿，细小的叶脉隐约可见，呈绿至紫红色。在一般水质条件下即可养活，不过要让它表现出紫色调，必须使用强光，并人工输入二氧化碳。

苋科 Alternantaceae

血心兰草 *Alternanthera reineckii*

别名：无　　　　　　　　　　　　自然分布：南美洲

基本信息：

| 较难 | 20 ~ 28 | 6.0 ~ 7.0 | 4 ~ 10 | 强光 | 后景 | CO_2 |

简介：

　　挺水性植物。水上草具有披针形叶，十字对生，成叶的叶面为绿色，叶背绿中泛红，幼叶为红色。水中叶略大，叶缘略有皱曲状，使用荧光光源栽培，皱曲较明显，在金属卤化物灯下则无。喜爱强光，光线不足时，生长不良。水温过低时，容易落叶。对水质的变化适应能力强，故只要光线足够，水温适当，就能养得很好。肥料少时，叶色可能转为美丽的粉红色，但这是不健康的征兆。人工输入二氧化碳，会加速生长。

小二仙草科 Haloragaceae

红雨伞草 *Proserpinaca palustris*

别名：沼泽美人鱼草　　　　　　　　自然分布：南美、北美

基本信息：

容易　18～28　6.0～7.0　2～12　强光　后景　CO₂

简介：

　　挺水性植物。水上草与水中草不同型。水上草具有披针形互生叶，叶缘有锯齿，叶色翠绿。靠地下茎越冬。在水中会出现多种不同的变化，包括叶形可以从披针形转为卵形、不规则裂叶，以至羽状叶等；颜色可由绿色转为黄色、橙红色，以至深红色。依栽培条件不同而异。其变化多端的形态使其格外受到重视，在美国被称为沼泽美人鱼草（marsh mermaid-weed）。喜好强光和较低水温，在水中生长较慢。不易分枝，通常单茎矗立生长，可数棵种在一起，以形成丛生状。若想种出富于变化的颜色层次，则需要提供比较强的光照，以及定期添加液肥和铁肥。

小二仙草科 Haloragaceae

绿羽毛草 *Myriophyllum elatinoides*

别名：无　　　　　　　　　　　　　自然分布：南美、墨西哥

基本信息：

容易　15～28　6.0～7.2　2～15　强光　后景

简介：

　　挺水性植物。多年生，水上草叶呈羽状，深绿色，4～6轮生，能突出水面或在湿地上生长。水中草叶亦呈羽状，叶片较柔软修长，植株在水中可长至50厘米高。喜欢在硬水中生长，除此之外对水质并无特别要求。只要光线足够就能快速生长，喜高温。是早期深受人们喜爱的品种，2005年后由于过于平凡逐渐淡出市场。

小二仙草科Haloragaceae

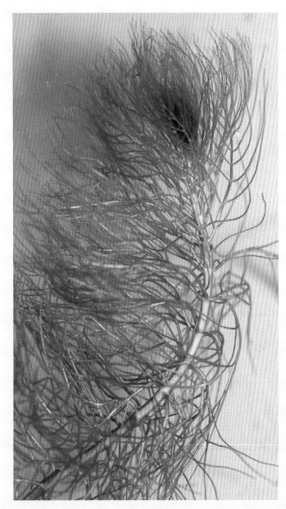

上图：狐尾草

下图：野外池塘中，狐尾草开出的水上花

狐尾草 *Myriophyllum verticillatum*

别名：无　　　　　　　　　自然分布：亚洲西部、欧洲北部及非洲等地

基本信息：

非常容易　　12～32　　5.5～8.0　　2～18　　中光　　后景

简介：

挺水性植物。水上草与水中草不同型。水上草为多年生，具有杉叶般的针形叶，4～6轮生，深绿色，水上茎较粗大，直径0.2～0.4厘米，呈淡青色，草高可达20米以上。在水中种植时，水上叶仍可维持一段时间不枯萎，等到水中的羽状叶开始长出后才慢慢枯萎。水中叶呈羽状叶，通常4轮生，茎变得比较细小，植物体呈淡绿色，草高可达1米以上。非常容易适应环境，已经有至少50年的水族箱饲育历史，是早期人们点缀鱼缸的主流品种，由于价值低，现在市场上不多见，不过爱好者可以去野外自己采集。

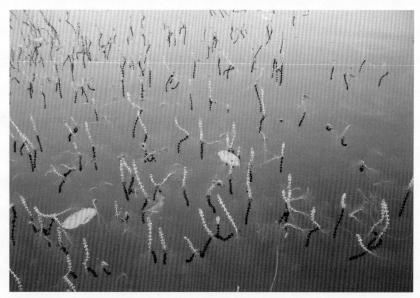

六、自然水景的兴起——苔藓、蕨类

上图：捆绑在沉木上的蕨类水上植株
下图：莫丝在养殖场内利用浅水盘大量养殖

蕨类是最适合捆绑在沉木上造景的水草品种

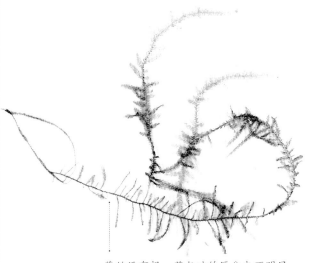

莫丝没有根，茎与叶的区分也不明显

进入 2000 年，欧式的水下园艺造景慢慢被人们玩腻了，这时自然水景造景模式已经开始受到重视。由于吸纳了大量东方园艺和盆景的元素，自然水景很快就对欧式"水下花园"造成了冲击，并在 2002 年后逐步取代了它的地位。

自然水景设计理念，崇尚制造出类似自然湿地的水族箱景观，比如一条杂草丛生的溪流、一片几近干枯的河床、一片水草肥美的湿地，都是自然水景的模仿对象。为了能制造出这种景象，自然水景设计在选材上更重视植物的细腻、小巧。如果植物过大，就很难在狭小的水族箱中展现出大空间感的水下景色。于是，水草栽培品种又一次迎来了戏剧性的革命。原本只是用来繁殖小型观赏鱼的材料——金丝草，摇身一变成为了水草造景的主要材料，名字也"洋气"了许多，叫莫丝。原本无人问津的水生蕨类植物，也随之走进了人们的视线。

因为自然水景在造景时要使用大量的石头和沉木，这样留给水草扎根生长的面积就很少了，而能捆绑在石头、沉木上生长的品种由此备受青睐。水龙骨科（Polypodiaceae）、实蕨科（Bolbitidaceae）的品种恰恰符合了这个特征，因而火爆了一把。一直到现在，自然水景仍然是亚洲水草造景的主流形式，蕨类植物也一直处于销售量领先的地位。

灰藓科 Hypnaceae

三角莫丝 *Vesicularia antipyretica*

别名：南美莫丝　　　　　　　　自然分布：南美洲的热带雨林

基本信息：

容易　　15～28　　6.0～7.2　　2～15　　弱光　　前景

简介：

苔藓类植物，非真正水草，是南美洲灰藓转化成的水下形式。是自然水景中最常用的造景素材。叶对生，卵形叶，且非常细小。没有根，只能攀附在物体表面生长，但水中草有时能长出假根。广泛适应各种水质与光照条件，栽培非常容易。喜欢旧水，换水次数不宜过多，换水量不宜过大。水温高于30℃时，会因生长不良而发黑。不能在强光下栽培，容易滋生大量藻类，难以清理。不是行家的话，很难将本土所产灰藓转水的莫丝与三角莫丝区分开。

灰藓科 Hypnaceae

爪哇莫丝 *Taxiphyllum barbieri*

别名：金丝草

自然分布：印度尼西亚爪哇岛及东南亚其他热带潮湿地区

基本信息：

非常容易　　10～30　　5.8～7.5　　2～20　　弱光　　前景

简介：

苔藓类植物，非真正水草。这种莫丝非常普遍，野外生长于树干和潮的岩石表面，也可以着生于溪流中。植物体具有纤细的茎，茎上长着卵形的透明绿色叶片，叶端尖锐。栽培十分容易，栽培之初会因水质不适稍生长缓慢，但适应好以后马上快速生长。对温度的适应范围相当广泛，虽然能忍受29℃以上的高温，但在23℃左右最为健康。从强光到弱光都能适应，但强光下容易滋生藻类。

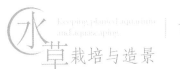

144

溪苔科 Fontinalaceae

翡翠莫丝 *Fontinalis antipyretica*

别名：**笔苔草、柳条莫丝**　　自然分布：非洲南部、北半球的温带区域

基本信息：

容易　　15～28　　6.0～7.2　　4～15　　弱光　　前景

简介：

　　苔藓类植物，有若干变种，具有线状茎，主茎匍匐横展，支茎悬垂漂浮，长 30～40 厘米，互相纠缠群生，基部叶片常脱落，无真实的根，茎上长着浓密且细长的榄绿色或黄绿色叶子，叶 3 列，披针形，略显卵圆状，强烈内凹。能自生于河流及小溪之中，用假根攀附在水中岩上石生长，也可生活在潮湿的树干或岩石上。大多由匍匐茎和叶的植物碎片繁殖，偶尔由孢子繁殖。近两年来，这种莫丝常用于小型水族箱的造景，因为容易栽培，所以深受欢迎。适应性强，容易栽培，不耐强光，光线过强时叶片会呈现黑色，停止生长，造成藻类滋生。

灰藓科 Hypnaceae

火焰莫丝 *Taxiphyllum* sp.

别名：无　　　　　　　　　　　　自然分布：东南亚及日本

基本信息：

容易　　18～28　　6.0～7.0　　4～12　　中光　　前景

简介：

　　苔藓类植物。水中草的形态好像火焰一般向上窜生，因而得名。水上草喜欢生长在潮湿的腐殖土环境，植物体平均高度 2～3 厘米，矗立生长。水中草可以长得比较细长，其分支通常较短，生长时主茎会卷曲向上，如同火焰般的外形，不难辨认，是自然水景造景的主流材料。不耐高温，但对光线、水质的适应能力强，容易栽培。强光下易滋生藻类。

绿片苔科 Aneuraceae

珊瑚莫丝 *Riccardia chamedryfolia*

别名：无　　　　　　　　　　　　　　自然分布：东欧

基本信息：

| 较难 | 15～28 | 6.0～7.0 | 4～12 | 中光 | 前景 | |

简介：

　　苔藓类植物。水中草很像珊瑚的枝丫，在沉木上生长层次感明显，是近两年来人们所喜爱的莫丝品种。没有茎和根，只有像叶片一样的躯体。野外生长在阴湿、富含营养的土层表面，叶硬挺，有些透明感，常呈翡翠色，高度约5厘米，生长速度慢。在沉木上捆绑时，必须用细网线捆扎，否则会破碎漂浮起来。容易栽培，喜欢弱光环境，在强光下很容易滋生藻类。水温超过30℃会腐烂死亡。对水质有广泛的适应性，人工输入二氧化碳会增加生长速度，但生长速度比其他莫丝慢很多。

凤尾藓科 Fissidentaceae

凤尾藓 *Fissidens fontanus*

别名：凤尾莫丝、美国凤尾藓、美国小凤　　　　自然分布：北美洲

基本信息：

| 较难 | 20～28 | 6.0～7.0 | 2～12 | 中光 | 前景 | |

简介：

　　凤尾藓类分布很广，但最早被作为水草栽种的是美国凤尾藓，现在亚洲、欧洲出产的品种也进入了市场。多年生着生苔藓类植物，植物体呈羽状，像凤凰的羽毛一般。利用假根攀附在潮湿的树木或岩石表面，向下垂悬生长；极少生长在水域中。必须捆绑在沉木或岩石上栽种，因为特殊的叶片形态，被视为装饰性很高的莫丝。对水质要求不高，喜欢中光或弱光环境，如果不人工输入二氧化碳，其生长极慢。

浮苔科 Ricciaceae

鹿角苔 *Riccia fluitans*

别名：无　　　　　　　　　　　　　　　自然分布：世界各地

基本信息：

非常容易　15 ~ 32　6.0 ~ 7.5　2 ~ 18　强光　前景　CO₂

简介：

　　苔藓类植物，是最早被用作观赏的苔类，在水族箱中栽培历史至少有 30 年。水上草与水中草的形态相同。野生是一种漂浮在水面的苔，没有根、茎，只有鹿角形叶状体，生殖力极强。植物体为亮绿色至黄绿色，非常容易栽培。可以漂浮栽培，也可以用网兜捆绑在岩石或沉木上。喜欢强光，耐超强光照。光照越强，生长速度越快，但光线不足时，会枯死。当二氧化碳的浓度足够时，光合作用旺盛，致使产生的氧气泡附着在草体上，远远看去晶莹剔透，十分美丽。

藤蕨科 Lomariopsidaceae

怪蕨莫丝 *Lomariopsis lineata*

别名：大鹿角苔　　　　　　　　　　　　自然分布：东南亚

基本信息：

容易　20 ~ 28　6.0 ~ 7.0　2 ~ 10　中光　前景　CO₂

简介：

　　蕨类植物，样子很像苔藓类，其实是一种沉水性的萝蔓藤蕨类（*Lomariopsis*），这类蕨几乎全都攀附在树干上生长，而本种长得又特像叶苔，所以被命名为怪蕨莫丝。其外形也很像海藻，故在国外有时称其为淡水海藻。直到 2007 年才被确认为蕨类，并赋予应有的学名。捆绑在沉木或岩石上栽培，喜欢弱光，植物体呈叶片状，没有固定的结构，非常薄，几乎是透明的绿色，经常彼此连接而密生成一种浓郁的景象，非常适合作为水晶虾及小型鱼类的藏身之地。栽培容易，如果生长速度慢，人工输入二氧化碳会提高其生长速度。

水龙骨科 Polypodiaceae

①

②

③

铁皇冠草 *Microsorium pteropus*

别名：无　　　　　　　自然分布：爪哇、菲律宾等东南亚热带地区

基本信息：

容易　　　18～28　　6.0～7.2　　4～12　　弱光　　中景

简介：

　　蕨类植物，可以生长于水中成为水中草。是一种生命力很强的水草，且外观有些类似于皇冠草，故名铁皇冠草。人工栽培历史很长，大概1990年后市场上就很常见了。野生植株大多数分布于热带的阴湿地区，具有明显的根、茎和叶。水中草和水上草同型，具有条状根茎，下长着黑色或褐色的不定根，上长着长披针形叶。光线强时，偶尔会长出三裂掌状复叶。叶脉像龟甲的纹路，成熟的叶底蔓生着褐色的孢子囊。植物体为深绿色。喜欢旧水，适应新水能力差，最怕水质突变，所以每次换水量不宜太多。可以捆绑在沉木上栽培，也可以栽种到沙子中。当其叶背孢子萌芽，长出幼株达5厘米以上时，可将它们分株出来，另行栽种，否则会影响母株的生长。因为水上植株生长速度比水下植株快很多，所以市场上出售的都是水上植株。

　　由铁皇冠草突变后人工选育出的细叶铁皇冠草，比其原种更受到重视。因为叶片变得细小，更适合捆绑在沉木上，所以在自然水景的造景中使用率非常频繁。

④

①市场上出售的铁皇冠草

②捆绑在沉木上的铁皇冠草

③铁皇冠草变种——细叶铁皇冠草

④养殖场里培育的铁皇冠草

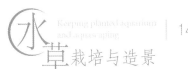

水龙骨科 Polypodiaceae

鹿角铁皇冠草 *Microsuinm pteropus* "WINDELOV"

别名：无 自然分布：东南亚地区

基本信息：

容易	15 ~ 28	6.0 ~ 7.0	2 ~ 15	中光	中景

简介：

蕨类植物，是铁皇冠草的变种。因其叶子长得像鹿角而得名。分布于热带的阴湿地区，具有明显的根、茎和叶。多年生。根茎有时会匍匐在岩石表面或树干上，但通常是埋没在土壤中。能适应水中环境而生长，但必须有一段适应期，在此期间，它的生长停滞，必须等到根部固定之后才能正常生长。水中叶会小型化，在水中生长的要求与铁皇冠草相同。

实蕨科 Bolbitidaceae

黑木蕨 *Bolbitis heudelotii*

别名：无 自然分布：非洲

基本信息：

较难	18 ~ 28	6.0 ~ 7.0	2 ~ 12	中光	中景

简介：

水生蕨类植物，根茎长着互生的羽状叶，绿色，普通为全裂或深裂叶，根茎上长出黑褐色的根。水中化之后，植物体会小型化，新长出的水中叶变成半透明的黄绿色，草姿优雅，颇受一般人喜爱。喜欢生活于中性至弱酸性的流动水域，在碱性水中很难存活。水上草转水时会有 2 ~ 3 个月的适应期，在此期间不枯萎也不生长，完全适应水中环境后才开始生长，而且生长速度相当缓慢，所以市场价位居高不下。能攀附于沉木和岩石上生长，是自然水景造景中的优良品种。转水过程中怕强光也怕重肥，会造成叶片黄化甚至黑化。完全适应水下环境后，对光照强度适应范围广。市场上出售的多为水上形植株。

实蕨科 Bolbitidaceae

三叶蕨 *Bolbitis heteroclita*

别名：无   自然分布：东南亚

基本信息：

较难   18 ~ 28   6.0 ~ 7.0   2 ~ 10   弱光   中景

简介：

　　蕨类植物。具有掌状的三裂叶，在三裂叶中总以中央的裂叶大于两旁，长相奇特而有趣。水上叶呈深绿色，水中叶转为黄绿色。其地下茎可攀附在沉木及岩石上生长，可由茎的延伸来繁殖，可因此在同一个生长区逐渐蔓延自成一个庞大的群体，或由叶背的孢子出芽而生殖。喜欢生活于中性至弱酸性的流动水域，在碱性水中很难存活。生长速度相当缓慢，喜欢中光到弱光环境。由于叶片大，生长速度慢，造景中很少使用该品种。

膜蕨科 Hymenophyllaceae

青木蕨 *Crepidomanes auriculatum*

别名：青叶木蕨 瓶蕨   自然分布：日本、中国南方和台湾地区

基本信息：

难   20 ~ 27   5.8 ~ 6.8   2 ~ 8   中光   前景

简介：

　　蕨类植物，野生植株既不生于水中也不生于湿地上，而是生长在湿气较重的树皮或岩壁表面，常见于低海拔地区的潮湿森林中。空气湿度百分之百是它们最爱的环境，只要稍微干燥，它就会缩成枯叶一般。水上草具有互生的羽状裂叶，叶轴细长，叶片具短柄，叶长 10 ~ 40 厘米，宽 2 ~ 3 厘米，薄叶带有些透明感，呈绿色。茎细，略有木质化，匍匐攀爬生长。生长缓慢。经驯化后，可以在水族箱中栽培，近两年比较流行，价格颇高。水中草大致与水上草同型，不过植株会明显小型化，且更具透明感，叶色翠绿，相当独特。对养分需求不高，栽培期间少量施肥即可，肥料过多会造成叶片黑化而死亡，但要人工输入二氧化碳，水温超过 28℃时停止生长，长期高温会枯萎死亡。喜欢中光环境。

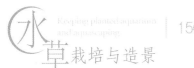

水蕨科 Parkeriaceae

水芹 *Ceratopteris thalictroides*

别名：   自然分布：日本、中国南部、东南亚

基本信息：

非常容易　15～30　5.8～7.2　2～15　强光　后景

简介：

　　蕨类植物。水上草与水中草同型，但水上草的生长形态多变，有时与水中叶同型，有时由羽状叶变成枝状叶。水上草的生命力很强，能在湿地迅速生长及繁殖。水上草能逐渐直接转化为水中草。水中草具有深裂或全裂的互生羽状叶，叶片呈浅的黄绿色到青绿色，叶质相当柔软。在水中时，可从叶片的各个地方繁殖生出子株。对光照强度适应广泛，喜欢强光。非常容易栽培，是栽培历史很长的大型水蕨类，因为繁殖速度快，价格低廉。

水蕨科 Parkeriaceae

上图：水菊的水上形态
下图：水菊的水中形态

水菊 *Ceratopteris cornuta*

别名：菊花草 大叶水芹   自然分布：美国、大洋洲及东南亚

基本信息：

非常容易　15～28　6.0～7.2　2～15　强光　前景

简介：

　　蕨类植物。是我国最早被栽培的水蕨品种，至少有50年的人工栽培历史。早期人们将这种水草漂浮在水面上，作为斗鱼等吐泡巢产卵鱼类的鱼巢。水上草与水中草同型。水中草喜强光，在光线不足时会枯萎死亡。可以种植在沙子上，也可以漂浮在水面上生长。繁殖速度飞快，叶片、叶柄上都可以生长出小的植株。由于栽培一段时间后，植株外形会由于繁殖和过度生长变得混乱无秩，无法作为造景水草使用，现在已经很少有人养了，市场上十分罕见。

苹科 Marsileaceae

上图：田字草的水上形态 下图：田字草的水中形态

田字草 *Marsilea quadrifolia*

别名：苹　　　　　　　　　　　　　　自然分布：中国、日本

基本信息：

容易　　15～27　　6.0～7.2　　2～12　　中光　　前景

简介：

　　蕨类植物。水上草与水中草相似。水上草有四枚绿色叶片，因排成像"田"字形而得名。在自然界中很少长出水中叶，通常长水上叶或浮叶。具有细长的叶柄，在水少的时候，叶柄可将叶片挺起于空中。夜晚，叶片会折叠起来，有如睡眠状下垂。根茎匍匐生长于地面，亦可利用走茎生殖。可作前景草使用，但弱光下，叶片会漂浮到水面生长，所以必须使用强光栽培。喜欢弱酸性软水，生长速度不快，如果要提高生长速度，可人工输入二氧化碳。

膜蕨科 Hymenophyllaceae

厚边蕨 *Crepidomanes humile*

别名：无　　　　　　　　　　　　自然分布：中国台湾地区、冲绳

基本信息：

24～28　　6.8～7.8　　20～40

简介：

　　蕨类植物。水上草生长在潮湿的岩石缝隙里或林下湿度高且遮阴处，植物体小，一般不超过10厘米。根茎丝状，密被深褐色短毛。叶羽状深裂，通常长约1.5厘米。平常利用走茎生殖。在水族缸栽培，可将水上草绑于沉木上，慢慢会水中化。生长速度缓慢。水中叶较大而薄，呈半透明状，碧绿色，叶脉清晰，草姿优雅。对养分要求不高，但需稳定水质，水温最好不要超过28℃，栽培期间输入二氧化碳可明显促进其光合作用。

七、比技术时代的到来——谷精、太阳

还是不过瘾！从单纯养草到水草造景，似乎没有什么品种我们不能养好的了。挑战一下吧！谷精类出场了。谷精草科 (Eriocaulonaceae) 的品种广泛分布于全球，它们生长在稻田、湿地中。因为在富含腐殖酸的水田中非常常见，被认为是水田的杂草。在 2000 年以前，从来没有人想过将这种植物栽培在水族箱中。最先这样尝试的是日本人，一开始让人感觉很另类。

观赏用谷精草科植物分为两类，一类是谷精草类，另一类是谷精太阳草类。前者多采集于亚洲，后者几乎全部来自南美洲，另有一些古怪的品种来自大洋洲。关于谷精草被利用的历史，要从观赏鱼的发展说起。

2005 年后，以日本和中国台湾地区为代表，兴起了一波南美洲野生观赏鱼饲养潮流。在 2005 年到 2008 年期间，以前已经在市场上消声灭迹的野生七彩神仙鱼，突然重返市场，而且价格比 50 年前它们刚刚被利用时高了几十倍，即使是最漂亮的人工培育种，也不如野生的昂贵。这波潮流的初始点，是德国和日本的一些爱好者想要获得野生七彩神仙鱼鱼种，然后和自己的人工培育品种杂交，以得到新品种。其发展方向却在亚洲跑偏了，从中国大陆、台湾地区到日本以及东南亚各国的爱好者，都开始争相饲养野生七彩神仙鱼，认为这是一种财富和时尚的象征。这种趋向造成了观赏鱼贸易商大量进口南美洲的野生七彩神仙鱼。巴西、乌拉圭等国的观赏鱼捕捞业日渐兴旺发达。另有不少亚洲的爱好者不远万里亲自到南美洲选鱼。在此方面，日本人占有优势，日本的水族业也就是从这个时代开始，引领了亚洲水族潮流。

早在 100 年前，南美洲一些国家刚刚独立，由于人口少土地广，他们向全世界发出了邀请，希望各国能移民来居住。欧洲人不稀罕去南美洲，他们认为那里太蛮荒了。美国自己的人口还不够用，哪里有富余向外移。在当时的亚洲，最愿意移民的国家就是日本了。日本是个岛国，资源匮乏，人口日益增加。如果去地大物博的南美洲居住，那真是神仙一样的生活了，至少不再用为盖房子的木料发愁。当时有不少日本人移居南美洲。当南美洲原生鱼类热潮发展起来后，不少日本人纷纷到南美洲来亲自采集，他们有便利条件。也许，采集者的七姑、八姨就是巴西或哥伦比亚国籍。在大批的南美洲鱼类被运回日本的同时，南美洲的谷精太阳草也被带了回来。这是一种非常难养的水草，相貌虽不出奇，但符合了日本人的胃口——不求最好，但求最难。栽培难度大才有挑战性。那么，就让我们比比看谁的技术好吧。

上图：野外谷精草开花的形态

中图：谷精草在水质突变后很容易生长出花茎，并且由于生长停滞，会滋生大量藻类

下图：在水的硬度过高时，谷精草的叶片会很快变成透明状溶解到水中，造成植株死亡

2005 年后，水族器材的发展给养活谷精太阳草提供了条件。不久，人们都觉得栽培这种水草很有品位，于是更多的品种被开发。当南美洲的品种已经不能满足市场的时候，日本人开始开发本国品种。日本是个

条状叶类型
（圣弗朗西斯科谷精草）

针状叶类型
（熊本谷精草）

略宽的针状叶类型
（雾岛谷精草）

线状叶类型
（非洲谷精草）

谷精草硕大的根系表明它们几乎完全靠根系吸收营养，因此底床和基肥对谷精草的生长极其重要。为了保持根系始终处于弱酸性环境中，它们必须种植在泥丸中才能存活

太阳草脆嫩的茎很容易折断，在水质不良或水质突变的情况下，叶片和茎会很快白化腐烂

以水稻为主要粮食的国家，所以稻田很多，谷精草的品种也非常丰富。于是大家齐努力吧，休息日去郊区挖草，这项活动使日本原产的几种谷精草数量急剧下降。到 2008 年，日本政府不得不出台政策保护一些品种，限制采集。因为谷精草一直不被人重视，所以大多没有学名，日本人就以采集地的名字为它们命名。这里很有代表性的就是茨城、雾岛、滋贺县等谷精草品种。

随后，谷精草热潮席卷了亚洲，中国台湾地区的爱好者也纷纷到各地去采集这种水草，于是东南亚和中国南方的谷精草品种也被开发利用了。到 2010 年前后，市场上的谷精草品种大概有 50 多个。很多人争相收集栽培，这给水族器材厂带来了利润。

由于谷精草需要强光、重肥和高二氧化碳的栽培环境，所以高等灯具、泥丸底床、肥料和二氧化碳设备销售业绩空前的好。就连家用纯净水机的销量也随之上升，因为谷精草需要近乎于纯净水的低硬度水质环境。

可事情往往是这样，越养不活的东西，大家越追捧。一旦技术成熟了，也就没有人再觉得新鲜了。谷精草的热潮持续时间很短。真正在市场上占据高端草地位的时间只有 2005 ~ 2009 年 4 年的时间。2010 年后，除去一些经典品种，比如南美大细叶、太阳草、白玉谷精草等还在市场上流通，绝大多数消声灭迹了。

不过，现在仍然有人热衷于谷精草类，因为这种水草是所有水草中需要光线最强的品种，栽培它们会让你感觉水族箱内无比明亮、爽朗。加之难以大量人工养殖（太阳草类除外），谷精草的市场价格一直较高。

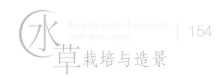

谷精草科 Eriocaulaceae

小谷精草 *Eriocaulon cinereum*

别名：小古金草　　　　　　自然分布：全世界热带至温带地区

基本信息：

很难　22～28　5.8～6.8　2～8　强光　前景　CO₂

简介：

　　挺水性植物。水上草与水中草同型，植株矮小，很适合作为前景草。水上草由不明显的地上茎长出丛生且为放射状的针形叶，叶片深绿色，无叶柄。会从叶丛中间长出花茎。水中叶的质地较为柔软，叶较长，叶片的数目也较多，叶色黄绿。在水中栽种，仍然会长出花茎，但必须长出水面之后才会开花，花茎长多了不好看，一般将它摘除，否则会影响叶片的发育与生长。需要强光，必须栽培在弱酸性软水中，最好是纯净水中。要种植在泥丸上，种植在沙子上很难存活。需要向水族箱中人工输入二氧化碳。生长速度很慢，但可以算是谷精草中最好养的品种。

谷精草科 Eriocaulaceae

南美细叶大谷精草 *Eriocaulon* sp.

别名：无　　　　　　自然分布：巴西马托格罗索州 (Mato Grosso)

基本信息：

很难　22～28　5.8～6.8　2～4　强光　前景　CO₂

简介：

　　挺水性植物。水上草具有绿色丛生状针形叶，开顶生的头状花序，常年生长在沼池边的湿地上，生长速度并不快。移植到水族箱后，适应能力不强，对水质的变化很敏感。即使养活，生长速度也很缓慢。其水中叶亦为针形叶，而且更为细长，容易受到外力的碰撞而折断，栽种时要小心。需要栽种在泥丸里，并给予足够的光照与二氧化碳，最好能埋设根肥，定期添加液肥和铁肥，如果肥料不足，会出现叶片黄化枯萎，乃至死亡。是非常难栽培的水草品种。

上图：南美细叶大谷精草　下图：南美细叶大谷精草的野外形态

谷精草科 Eriocaulaceae

上图：茁壮的茨城谷精草　下图：茨城谷精草幼苗

茨城谷精草 *Eriocaulon* sp. Ibaraki

别名: 无　　　　　　　　自然分布: 日本本州中部的茨城县 (Ibaraki)

基本信息:

很难　　20～28　　5.8～6.8　　2～6　　强光　　前景　　CO₂

简介:

　　挺水性植物。学名暂未确定，与很多日本产的谷精草有近缘关系。在水族箱中种植，比其他谷精草类略容易些。需要强光、高二氧化碳以及酸性软水，同样在沙子中栽种不活。

谷精草科 Eriocaulaceae

上图：茁壮的雾岛谷精草　下图：雾岛谷精草幼苗

雾岛谷精草 *Eriocaulon* sp.

别名: 无　　　　　　　　　　　　自然分布：日本雾岛县

基本信息:

很难　　20～28　　5.8～6.8　　2～4　　强光　　前景

简介:

　　挺水植物。一年生，野外生于水田、湿地、池沼以及河边等处，由于受到人为过度开发的影响，野外植株越来越少，已被日本政府列入"危急种"的植物。是谷精草中比较漂亮的品种，不过栽培十分困难。尤怕水质变化，会引起白化死亡现象。对水质要求很高，喜欢弱酸性软水，如果水质不达标，即会死亡。生长速度缓慢，栽培期间必须添加二氧化碳，提供强光，种植在泥丸上。

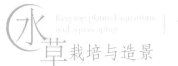

谷精草科 Eriocaulaceae

滋贺县谷精草 *Eriocaulon* sp. Shiga

别名：无　　　　　　　　　　　　自然分布：日本滋贺县

基本信息：

很难　　22～28　　5.8～6.8　　2～6　　强光　　前景

简介：

挺水性植物。常年生长在低海拔山区的稻田、排水沟边、沼泽地等环境中，属于一年生草本植物。水中化之后，叶片变得较为柔软细长。成长速度缓慢，栽培有一定难度，需要强光和弱酸性软水，必须种植在泥丸上，并向水族箱中人工输入二氧化碳。

谷精草科 Eriocaulaceae

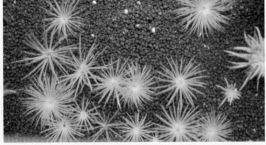

白玉谷精草 *Eriocaulon* sp.

别名：无　　　　　　　　　　　自然分布：日本本州中部的茨城县

基本信息：

很难　　22～28　　5.8～6.8　　2～6　　强光　　前景

简介：

挺水性植物。属于中大型谷精，水上草与水中草大致同型，都具有典型的放射状针形叶，因叶片比其他谷精草偏白色，故得名。生长状况良好时，不易长花茎，状态不佳时，花茎频出。也是栽培起来很费力的水草。和其他谷精草的环境需求基本相同。

谷精草科 Eriocaulaceae

非洲谷精草　*Mesanthemum* sp.

别名：无　　　　　　　　　　　　　　　自然分布：非洲

基本信息：

难　　22～30　　5.8～6.8　　2～8　　强光　　后景　　CO₂

简介：

　　挺水性植物。水上草具有绿色丛生状针形叶，常年生长在河边、水田及沟渠中。进入水中生活之后，新长出来的水中叶成为狭长的线形，很像水兰的叶片，而且可长至50～60厘米，是很特殊的谷精草。繁殖不同于其他谷精草，采取走茎方式繁殖幼株，而非侧株。叶片呈现半透明的翠绿色，在水中漂动摇曳，颇为动人，很适合当后景草使用。栽培比其他谷精草容易，也需要强光、重肥、高二氧化碳的环境。喜欢弱酸性软水。

谷精草科 Eriocaulaceae

吐血谷精草　*Eriocaulon* sp. from Australia "Red"

别名：无　　　　　　　　　　　　　　　自然分布：澳大利亚

基本信息：

难　　22～28　　5.8～6.8　　2～8　　强光　　前景　　CO₂

简介：

　　挺水性植物。水上草与水中草同型，都具有针形叶，叶基呈红色。无论是水上草或水中草，均生长缓慢。一般市售者几乎都是水上草，要让它完全水中化需要很长时间；若栽培环境不理想，也许尚未水中化之前，植株就已经逐渐枯死。栽培比较困难，对水质的要求非常挑剔，在碱性和中性硬水中不能存活。对二氧化碳和肥料的要求不高，但需要种植在泥丸上。植株矮小，是不错的前景草。

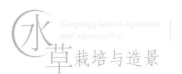
谷精草科 Eriocaulaceae

菲律宾谷精草 *Eriocaulon truncatum*

别名：无　　　　　　　　　　　　　　　　自然分布：菲律宾

基本信息：

| 很难 | 22～28 | 5.8～6.8 | 2～6 | 强光 | 前景 | |

简介：

　　挺水性植物。水上草具有狭披针形的丛生叶，黄绿色，长2～6厘米，宽0.2～0.6厘米，叶脉明显。顶生头状花序，半圆球形，白色或淡黄。主要在分布于低海拔山区的稻田、排水沟边、池塘以及沼泽地等。水中化之后，大致仍维持原来的生长形态，不过叶长可能会增加，同时叶质也较为柔软，白色叶脉仍然清晰可见。栽培具有难度，对环境要求和其他谷精草类似。

谷精草科 Eriocaulaceae

玻利维亚谷精草 *Eriocaulon* sp. From Bolivia

别名：无　　　　　　　　　　　　　　自然分布：南美洲玻利维亚

基本信息：

| 很难 | 22～28 | 5.8～6.8 | 2～6 | 强光 | 前景 | |

简介：

　　挺水性水草。2000年由日本业者在玻利维亚高海拔山区采集得到，学名一直没有确定，因此日本人仍用"谷精2000"来称呼这种水草。水上草与水中草不仅同型，而且有时候二者的长相差不多，如果有差异的话，仅在于水中草的叶质较柔软一些，叶片可能比较长。它们都具有狭披针形的互生叶，水上叶呈灰黄或灰绿色，水中叶转为黄绿色，茎粗呈淡黄绿色，经常在茎上长出白色的绒毛，气生或水生根，除了可从茎顶长出若干细长的花茎及花芽外，也可以从叶腋长出子株增殖。植物体挺拔，表面看起来很健壮，却很容易在水中枯萎，栽培很困难。对水质的适应能力差，必须在稳定的环境中适应一段时间才会正常生长，生长速度极慢。水温超过28℃或水质突变，换水过多等因素，都会造成叶片白化溶解，乃至全株死亡。强光和人工输入二氧化碳是必需的，必须种植在泥丸上。

谷精草科 Eriocaulaceae

太阳草 *Tonina* sp.

别名：谷精太阳草　　自然分布：巴西贝伦 (Belem) 市附近亚马逊河流域

基本信息：

极难　　22～28　　5.8～6.8　　2～4　　强光　　后景　　CO_2

简介：

　　挺水性植物。水上草与水中草不同型，前者具互生的披针形叶，叶较大、数目较少；后者叶序通常不规则，呈轮生或互生，或是二者兼有，叶线形数目较多，常有向下卷曲。栽培十分困难，水质突变会马上白化死亡。如果肥料不足，顶芽会腐烂，频繁出侧芽和水生根，直到全株枯死。必须用低硬度的酸性水栽培，用纯净水也不能存活。栽种后，会停止生长几周来适应环境，适应后才开始生长。需要强光环境，并人工输入二氧化碳。液肥和铁肥必须按规律添加。本水草一直是爱好者水草栽培技术的指标草，能将这种水草养活就可以算是技术好的人，反之就是技术一般。在栽培过程中有很多无法写出来的特殊情况，需要栽培者自己摸索总结。

谷精草科 Eriocaulaceae

宽叶太阳草 *Tonina fluviatilis*

别名：无　　　　　　自然分布：南美尼格罗河至亚马逊河流域

基本信息：

很难　　22～28　　5.8～6.8　　2～4　　强光　　后景　　CO_2

简介：

　　挺水性水草。水上草与水中草同型，叶片的基部以包覆的方式着生在矗立的茎上，叶色亮绿至黄绿色。每个茎节上只生有一叶，交互排列着。水中草喜欢生长于弱酸性、低硬度的水中，对水质的突然变化相当敏感，如果水质条件不符合它的需求、水质无法经常保持稳定状态、肥料或二氧化碳不足，很容易产生白化症状而逐渐枯死。

谷精草科 Eriocaulaceae

莲座太阳草 *Tonina fluviatilis* var.

别名：无   自然分布：变种

基本信息：

很难   22～28   5.8～6.8   2～4   强光   后景 CO_2

简介：

    挺水性水草。水上草与水中草同型，形态与宽叶太阳草类似，叶序的排列就像莲花花瓣的层次，呈三轮覆瓦状密生排列，从上往下看，非常像一朵绿色的莲花。无论是水上草或水中草的栽培都相当不容易。水中草喜欢生长于弱酸性、低硬度的水中，对水质的突然变化相当敏感。如果水质条件不符合它的需求，容易产生白化症状而逐渐枯死。种植初期，生根非常慢，必须种植在泥丸上。

谷精草科 Eriocaulaceae

粉丝太阳草 *Tonina* sp.

别名：无   自然分布：大洋洲金伯利地区

基本信息：

很难   22～28   5.8～6.8   2～4   强光   后景 CO_2

简介：

    挺水性水草。水上草与水中草同型，都具有细长的线形叶，但水中草较细长。这种水草能在粗茎上长满像粉丝一样的多轮生叶，水上叶呈绿色，水中叶呈黄绿色。水上草利用顶生的球形头状花序发育成果实繁殖，水中草采顶芽分裂方式来增殖。节距短，叶密生，下部的茎易长出水生根。对水质的变化敏感，栽培困难。喜欢生长在弱酸性软水中。需强光，否则容易掉叶及枯萎。喜高肥环境，要定期添加液肥和铁肥。必须种植在泥丸上，并向水族箱中人工输入二氧化碳。

八、有钱人的收藏——泽泻和天南星类回归

绛珠仙子临凡世，蘅芜贤君来人间，
凄凄衰草有何为，水畔石旁了残年。
西伯利亚芦苇荡，苏门答腊沼泽边，
千寻万觅不觉困，为君采来供赏玩。

文化总是这样发展，有些东西曾经兴极一时，然后消声灭迹被人们遗忘，几十年后又会重新兴起。并不是所有被人们遗忘的东西都能重新兴盛，能不能再度崛起取决于其骨子里是否经典。

时光到了 2010 年以后，对于那些资深的水草爱好者来说，还有什么可玩的呢？颜色丰富、生长迅速的园艺式造景？沉木林立、怪石横行的自然水景？还是需要精心呵护才能栽培好的谷精草？都没意思了。于是人们发现原来 100 年前就开始被利用的泽泻和天南星，还是那样的好看，那样的吸引人。泽泻、天南星回归吧，你们是永远的水草之王。

新兴起的泽泻和天南星类水草分为五大类，分别是缤纷皇冠草系列、深绿皇冠草系类、五彩辣椒草系列、电光榕草系类和现在最火爆的辣椒榕草系列。这五类水草中，除去第一种是人工培育的品种外，其余品种全部是最近几年爱好者在野外发现采集的。

叶片会随着光线和水质的变化而改变颜色

辣椒草发达的根系以及根系中间的茎，在水质突变时所有叶片都会融化腐烂，但只要茎部不腐烂，就能再生叶片（示图为金线阿芬辣椒草）

缤纷皇冠草系列

皇冠草不愧是水草之王，在漫长的 100 多年里，欧洲的爱好者从来没有放弃过它们。许多水草养殖场都以皇冠草为主要的培育对象，在 1990 年后，已经有很多人工培育的品种问世，到了 2010 年后，人工品种皇冠草品系已经相当成熟，就如同现在的蝴蝶兰、玫瑰等盆栽植物一样。目前市场上出售的高档皇冠草几乎都是杂交种了。

杂交皇冠草比原种具有更丰富的色彩，有些的叶片形状也得到了改良。在 2010 年前，像养花一样，养各式各样的皇冠草是德国、荷兰和丹麦爱好者的专属爱好。而 2010 年后，随着亚洲爱好者无草可玩的窘况出现，欧洲的缤纷皇冠草被带到了亚洲，并很快填补了市场的空白。其中比较受人重视的品种有紫爵皇冠、阔比克皇冠等。由于这类水草太容易养殖，很快市场价值大幅下跌，不到两年，市场就冷淡了不少。

缤纷皇冠草中具有代表性的火焰皇冠草

泽泻科 Alismataceae

紫爵皇冠草　*Echinodorus aflame* var.

别名：黑蛋叶　　　　　　　　　　　　自然分布：人工变种

基本信息：

| 较难 | 20～28 | 6.0～6.8 | 2～10 | 中光 | 中景 | CO₂ |

简介：

　　原种产于巴西，经荷兰业者的改良成为现在的品种。水上草具有带长柄的椭圆形至卵形叶片，叶长 15～45 厘米，叶色紫红色至紫黑色，相当罕见。生长及繁殖都缓慢，强光可促进生长，但叶片容易长苔，栽培期间需向水族箱中输入二氧化碳，否则不容易存活。

泽泻科 Alismataceae

芬达皇冠草　*Echinodorus fantastic* var.color

别名：无　　　　　　　　　　　　　　自然分布：人工杂交

基本信息：

| 较难 | 20～28 | 6.0～7.0 | 3～10 | 中光 | 中景 | CO₂ |

简介：

　　挺水性水草。成叶颜色绿或绿中带有红紫色，新叶红色至紫红色，相当漂亮。在水族箱中可长至 30～40 厘米高，属于中型水草。由丹麦水草业者人工培育而得。对水质的要求不高，从弱酸性软水至弱碱性硬水都能适应良好，容易栽培，喜中光环境，要定期埋设根肥。

左图：芬达皇冠草

右图：鲜红色的新叶是该品种的主要欣赏点

泽泻科 Alismataceae

红胡椒皇冠草 *Echinodorus hot* var. pepper

别名：无 　　　　　　　　　　　　　　　　自然分布：人工变种

基本信息：

较难　　20～28　　6.0～7.0　　3～14　　中光　　中景

简介：

　　挺水性水草。通常芽叶呈红色，幼叶呈赤茶色，成叶呈黄绿色，富于变化。在强光下种植，叶柄会缩短一些，属于中型水草，可用来布置中景及后景。早期由欧洲业者人工培育得到，生长速度中等，对水质要求不高，从弱酸性软水至弱碱性硬水都能适应良好。

泽泻科 Alismataceae

阔比克皇冠草 *Echinodorus aquartica* var.

别名：无 　　　　　　　　　　　　　　　　自然分布：人工杂交

基本信息：

容易　　20～28　　6.0～7.2　　3～15　　中光　　中景

简介：

　　挺水性水草。是丹麦 Aquartica 公司用几种不同类型的皇冠草交叉繁殖得到的品种，最大的特征是草高仅有 10～15 厘米，可做前景草栽种。水中叶椭圆形，叶面积比较大，叶色黄绿。生长速度缓慢，容易栽培，对水质的要求不高，从弱酸性软水至弱碱性硬水都能适应良好。

左图：阔比克皇冠草的水上形态

右图：阔比克皇冠草的水中形态

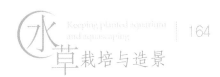

泽泻科 Alismataceae

女皇皇冠草 *Echinodorus regine* var. hildebrandt

别名：无　　　　　　　　　　　　　　自然分布：人工杂交

基本信息：

较难　20～28　6.0～7.0　2～12　中光　中景　CO₂

简介：

　　挺水性水草。人工培育品种。水中叶长卵形，有轻度扭曲，叶色偏红，尤其是芽叶及幼叶几乎都呈鲜红色，为目前所见皇冠草中色彩最鲜艳的品种，非常美丽。生长速度比较慢，尤其在栽培条件不理想时。栽培容易，对水质适应广泛，需要比绿色系皇冠草强些的光照条件。

泽泻科 Alismataceae

红色邪恶皇冠草 *Echinodorus* var. Red Devil

别名：无　　　　　　　　　　　　　　自然分布：人工杂交

基本信息：

较难　20～28　6.0～7.0　2～10　中光　中景　CO₂

简介：

　　挺水性水草。它的名称可能是说明其叶片上的叶脉很像恶魔眼球中的血丝。水中叶呈线形，稍锐头，叶缘偶有波浪状。新长出来的叶芽呈艳红色，随着新生叶的发育成长，红色可能逐渐消退，直到成叶之后转为绿色。叶脉细密呈现红色。容易栽培，但要得到美丽的颜色，需要稳定的水质环境。

深绿皇冠草系列

和其他泽泻类不同，深绿皇冠草的叶片即使是水下形态也呈现深绿色，并且十分坚挺

欧洲皇冠草在亚洲的兴起，又促使了野生植物采集的热潮，就如同人工七彩神仙鱼的火爆，使人们都争相去南美洲采集野生七彩神仙鱼用于血统改良一样。很多亚洲人也抱着创造属于自己品系的皇冠草的目的，前往南美洲，采集野生泽泻。这一采集，就兴起了一个新的热潮，深绿皇冠草系列出场了。

深绿皇冠草原本是一种貌不惊人的泽泻类，唯一的优点是其叶片如名称所释，呈现比较深的翠绿色。这一点在水草圈里并不出奇，很多其他科的草也是翠绿色的。它们的真正优势是成长速度慢。成长速度慢怎么会成为优势呢？

在2011年前后，水草贸易商人吃尽了欧洲杂交皇冠草的苦头，本想引种来大赚一笔，没想到这些草生长太快，不到一年就在本土大量繁衍，使得价格大跌。于是，大家都清楚了，要想赚钱，靠生长速度快的水草绝对不成。深绿皇冠草比起它的杂交亲戚，成长和繁殖都慢很多。虽然没有什么相貌上的热点，但热点是人类制造的。只要是没见过的新品种，你说什么人们都信。于是，深绿皇冠草的神话就此上演。它们一跃成为了最昂贵的水草，好的品种，一个几厘米长的芽就身价数百元，而且相对保值，因为购买者想要再度繁殖，至少要栽培两年以上。两年在人类历史上是不值得一提的短暂时间，但对于栽培水草来说已很长了。这期间，你可能因很多原因不能栽培了，比如搬家了、和家人吵架了、工作不顺利、要养新的东西了等，两年也足够让你看腻一种水草，所以真正能繁殖这种水草的人并不多。

深绿皇冠草类以前没有被重视，所以大多没有学名。为了便于识别，水草采集者和商人采用了一个体系性的系列名称，将深绿皇冠草分成两类，撒旦皇冠草和榄仁叶皇冠草，前者的各品种多用发现年份来标示名称，后者则用产地来标示名称。

不论是撒旦皇冠草还是榄仁叶皇冠草，都有一个致命的弱点。它们都是中大型水草，只能像养花那样单独栽种，既不适合和鱼类的搭配饲养也不适合水草造景。因此，虽然身价高，但市场普及度很低。购买者通常必须靠网络平台从玩家手中购得，水族市场上基本见不到比较好的品种。

要想将一小株深绿皇冠草栽培到繁茂状态，需要几个月甚至几年的时间

泽泻科 Alismataceae

巴西撒旦皇冠草

撒旦皇冠草 2000

撒旦皇冠草　*Echinodorus* sp.

别名：无　　　　　　　　　　　　　自然分布：南美洲

基本信息：

较难　22～28　6.0～7.0　2～10　中光　中景　CO₂

简介：

　　挺水性水草。水上草与水中草同型，成株具有带柄且稍硬挺的椭圆形叶，属于大型水草。叶色深绿，叶脉相当突显。叶身在侧光斜照下，主侧脉之间可看到凹凸不平的皱褶状。能自基部生出花茎，开白色花，果实成熟后能利用种子繁殖；或利用花茎的节发育出子株繁殖。大型植株根茎会逐渐厚实及增大，能从茎节发育长出子株。生长速度相当缓慢，栽培不难，喜欢中等光照，需要定期埋设根肥。叶片容易滋生藻类。有些饲养者为了让这类水草展现出美丽的姿态，采用强光、重肥、高二氧化碳环境栽培，并不配合饲养鱼类。这样能有效控制水质，提高水草生长速度。

　　目前已被采集利用的品种不超过10个，多数是日本业者最先采集的。因为没有确认学名，多采用采集年份标注品种，也有少数利用产地标示名称，比如巴西撒旦皇冠草等。是目前价格最高的水草品种。

撒旦皇冠草 2003(冈萨罗)

撒旦皇冠草 2004(雨伞)

爱好者间出售的小芽，便宜的要好几百，贵的数千元不等

泽泻科 Alismataceae

乌拉圭榄仁叶皇冠草

小榄仁叶皇冠草

榄仁叶皇冠草 *Echinodorus* sp.

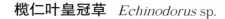

| 别名：无 | 自然分布：南美洲 |

基本信息：

| 较难 | 22～28 | 6.0～7.0 | 2～10 | 中光 | 中景 | CO₂ |

简介：

　　挺水性水草。水中草叶为倒卵形，叶质硬挺。属于中大型水草。能自基部生出花茎，开白色花，果实成熟后能利用种子繁殖；或者花茎的节会发育长出子株，等子株发根后可取下栽种。其根茎长期生长会逐渐厚实增大，也能从茎节发育长出子株。生长速度相当缓慢。栽种并不困难，喜中光环境，中性到弱酸性软水，最好定期埋设根肥。光线过强或水中营养盐过多，叶片易附生藻类，尤其是老叶最为明显。有些栽培者为了让这类水草展现出美丽的姿态，采用强光、重肥、高二氧化碳环境栽培，并不配合饲养鱼类。这样能有效控制水质，提高水草生长速度。

　　到目前，水族爱好者所采集的不超过10个确认的品种，常见的有小榄仁叶、巴西榄仁叶、乌拉圭榄仁叶等。名称多采用地区标示。

玛利亚阿比纳榄仁叶皇冠草

阔叶榄仁叶皇冠草

元祖榄仁叶皇冠草

电光榕草系列

2010 年后专属于水族爱好者的旅游项目出现了，那就是原生地采集之旅。这种活动原本只属于科学家和少数原产地有亲朋好友的人，现在大多数人能享受其中的快乐。这种形式可以称为专项旅游，现在南美洲、非洲和东南亚盛产观赏鱼的地区和旅行社合作，提供这种服务。对于亚洲人来说，最先能去的观赏鱼原生地就是东南亚，其中以马来西亚和印度尼西亚为首选地。这两个国家既有出产热带鱼的原生地又有美丽的旅游景点。

电光榕草就是随着原生地旅游被开发利用的植物，最早引种电光榕草的是中国台湾地区的爱好者，然后是日本爱好者。不过这种长得像万年青或绿箩的半水生植物，并没有受到更多人的重视，很快就在市场上消声灭迹，因为它们太不像水草，反而太像一些盆栽花卉了。即使没有一点儿经验的人，也能识别它们是不适合长久栽培在水族箱里的品种。到现在，栽培这种植物的爱好仅属于日本人。

天南星科 Araceae

电光榕草 *Schismatoglottis* sp.

别名： 无   自然分布：马来西亚、印度尼西亚

基本信息：

难   20~28   6.0~7.0   2~12   强光   前景 CO_2

简介：

电光榕草主要生长在潮湿的腐殖土或岩石表上，尤其靠近水边或瀑布的地方。水上草具披针形至狭心形的亮绿色叶片，叶面满布银色花斑，叶缘略有波浪状。叶柄长短不一。可做盆栽欣赏，也能用做水草栽培。水中草基本上仍维持水上草的形态，颜色没有大的变化。不难栽培，生长速度缓慢，喜欢比较强的光照环境，需要向水族箱中人工输入二氧化碳，最好种植在泥丸上，在沙子上种植不容易生长。目前大概有几十个品种的电光榕草被开发栽培，不过由于其根本不是水草，所以在水中的表现并不太美观。若非刻意收集，是不容易见到的。爱好群体非常小。

拟瓦力电光榕 *Schismatoglottis* cf. wallichii 产于马来西亚沙劳越（Sarawak）沙力卡（Sarikei）的 Taman Sebangkoi 热带雨林区

莫特电光榕 *Schismatoglottis* cf. motleyana 产于马来西亚沙劳越的热带雨林区，通常生长于潮湿的腐殖土或岩壁上，或在季节性池沼中也偶有水中型之分布

皆波密电光榕 *Schismatoglottis* cf. jepomii 产于马来西亚彭亨州（Pahang）文冬（Bentong）区域，该处超过一半的陆地仍覆盖着热带雨林，有若干种电光榕草分布其中，本种是其中之一

杰连第电光榕 *Schismatoglottis* cf. jelandii 产于马来西亚沙劳越（Sarawak）民都鲁（Bintulu）的热带雨林区

电光榕草叶片背面

佩特电光榕 *Schismatoglottis* cf. petradoxa 产于马来西亚沙劳越 Kerangan Petai 的 Batong Lemanak 热带雨林区

五彩辣椒草系列

婆罗洲加里曼丹岛自古就是一片神秘的原始丛林，在这里生活着很多奇特的动植物。随着加里曼丹岛旅游被开发，更多的人来到这个岛上，领略大自然的神奇。加里曼丹岛还是很多观赏动植物的老家，在水草领域里比较著名的就是从 2008 年兴起的辣椒草系列。

辣椒草是很早就被人们栽培利用的水草品种，前面已经介绍过，它们至少有 100 年的人工栽培历史。但这次的采集和以前不同，欧洲人第一次采集的辣椒草大多来自南亚的斯里兰卡，而本次以亚洲人为核心的采集团队却盯上了加里曼丹岛。

新被采集的辣椒草颜色比以前的品种更丰富，栽培难度也大一些，而且品种极其丰富，很多爱好者去采集辣椒草的目的甚至就是为了发现一个新的物种。在这种情况下，辣椒草的品种不断增加，截至 2012 年末，*Cryptocoryne* 属内至少有 500 个品种被人们所利用。

布拉西椒草 *Cryptocoryne blassii*

菠萝椒草 *Cryptocoryne bullosa*

很多昂贵的辣椒草，并不是因为其外观漂亮，而是因为这种草在哪里采集只有少数人知道，别人要想得到就得高价购买。于是，水草不再是单纯的观赏植物了，成为了一种有钱人的收藏品。这引起了更多的人栽培辣椒草。不论懂不懂水草，不论喜不喜欢，只要有钱，就要养辣椒草。这就是这两年的水草收集风气，似乎和被盲目炒热的古玩、核桃、玉石有类似之处。

不过，新辣椒草的好景不长，至少 2013 年不怎么火了。因为大家已经明白了，"再贵它也就是一株辣椒草。我又不是生物分类学家，一掷千金地收集一个稀有品种，还不如花 10 元钱买两株温蒂椒草植株在水族箱中来得实惠"。新辣椒草终究没有战胜传统辣椒草，爱好者群体维持在很少的范围里。

天南星科 Araceae

浪琴椒草 *Cryptocoryne longicauda*

别名：无　　　　　　　　　　　　　　　　　　　自然分布：加里曼丹

基本信息：

较难　　20～28　　6.0～6.8　　2～12　　弱光　　前景　　CO_2

简介：

　　是沼泽生长的水生植物，也能在水族箱内种植。水上草与水中草相似，叶片呈心形，水上叶黄至墨绿色（依光照而定），叶背呈酒红色。叶面有凹凸不平的皱褶，叶缘有锯齿状，叶柄淡茶色。为水草中较珍贵的品种，2010 年后，被很多爱好者收集。其栽培的困难度较高，若不是使用软水栽培，很容易死亡。不需要太强光照，光线太强时停止生长。肥沃的底床、酸性水质及人工输入二氧化碳是必要的栽培条件。

天南星科 Araceae

凤梨椒草 *Cryptocoryne keei* N. Jacobsen

别名：无　　　　　　　　　　　　　　　　　　　自然分布：加里曼丹

基本信息：

较难　　20～28　　6.0～6.8　　2～12　　弱光　　前景　　CO_2

简介：

　　这种水草和菠萝椒草（*Cryptocoryne bullosa*）十分相似，多年以前还被误认为是波罗椒草品种，只有通过两者的花茎才能区别。成群生长于河流中，原生地属于石灰质的地质结构，又富含腐殖酸，为偏酸性高硬度的特殊水质。在水族箱中很难制造出这种水质，故比较难栽培成功。其他环境需求与多数辣椒草相同。

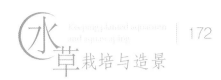

天南星科 Araceae

庞特椒草 *Cryptocoryne pontederiifolia* Schott

别名：桃叶椒草 　　　　　　　　　　　　　自然分布：苏门答腊

基本信息：

| 较难 | 20 ～ 28 | 6.0 ～ 6.8 | 2 ～ 12 | 弱光 | 前景 | CO₂ |

简介：

　　水上草稳固的叶柄长出绿色卵形叶，叶面略有凹皱，茎强壮且绿。开花时，会长出 12 厘米长的花苞，苞口光滑呈亮黄色。它无法由块茎直接长出幼株，而是由根部另外长出分枝，再由分枝长出芽，并发育成新株，此种无性繁殖方式与一般走茎繁殖有些不同。水中的繁殖力较陆生者为强，只要光线足够，生长环境中含有足够养分，即可在水中大量繁殖。它的水中叶变成桃形，故又有 "桃叶椒草" 之称。本种椒草对光线要求并不严苛，喜欢中到弱光，在强光下也可以生长良好。肥料及二氧化碳的需要量中等，一般而言，它能很好地适应水族缸中各种栽培条件，是广受欢迎的椒草之一。

天南星科 Araceae

舌头椒草 *Cryptocoryne lingua* Engl

别名：无 　　　　　　　　　　　　　　　自然分布：加里曼丹

基本信息：

| 较难 | 20 ～ 28 | 6.0 ～ 6.8 | 2 ～ 12 | 中光 | 前景 | CO₂ |

简介：

　　原属中小型的沼生植物，其水上草与水中草相似，它的叶和茎组织相同，因此茎可视为叶的一部分，但水中茎会较水上茎小一些。叶片像伸长的舌头，故命名为舌头椒草。水上草具有光泽的鲜绿色叶片，叶质较厚，每株植物体生长叶片数目不多，不过看起来十分硬挺。开花时，其花苞约 6 厘米，苞管通常红至咖啡色，苞口黄色，尖端细长，具有弯曲角度。水中草不容易育成，如果水族缸的栽培环境不佳，种起来只不过长成仅有数片叶子的矮小植株而已。不过，在强烈光照的软水及富含养分的水中，长至 12 ～ 15 厘米也是可能的。

天南星科 Araceae

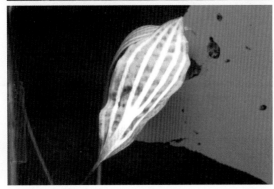

金线椒草 *Cryptocoryne cordata* "Rosanervig"

别名：	无	自然分布：泰国

基本信息：

| 较难 | 20～28 | 6.0～6.8 | 2～12 | 强光 | 前景 | CO₂ |

简介：

　　挺水性水草。这种水草因其叶片通常呈现金色叶脉而得名，它的叶脉也可能呈红色，有时并不明显，依栽培环境不同而异。水上草与水中草同型，都具有披针形的叶片，三条主叶脉相交于接近叶的基部，另两条较细的副叶脉位于两旁，最后五条叶脉都收拢于叶柄。水上叶呈绿色，叶脉较不明显；水中叶呈橄榄至带些红色，叶背呈现桃红色，光线较强时，叶脉以金色为主。一般生长速度缓慢，但在强光、高二氧化碳及重肥的条件下，生长速度会明显加快，不过叶片易滋生藻类，需要注意。栽植后应尽量避免再三移植，否则生长速度会变得更迟缓，新叶不容易长出。对水质无特别要求，弱酸性至弱碱性，软水至硬水都能适应良好。

天南星科 Araceae

绿壁虎椒草 *Cryptocoryne wendtii* green "Gecko"
是温蒂椒突变后人工选育出的品种，特性和栽培方法
同温蒂椒草

金线阿芬椒草 *Cryptocoryne affinis*
别名：亚菲椒草

天南星科 Araceae

虎斑椒草 *Cryptocoryne nurii*

别名：无 自然分布：马来西亚

基本信息：

较难　22~28　5.8~6.8　2~8　中光　前景　CO₂

简介：

　　挺水性水草。这是一种相当罕见的美丽椒草，如果能在水族缸育成，将是人们注目的焦点。水上草有宽叶及窄叶两种，同种或异种上不明朗。它们的叶片都是有灰色斑点的茶褐色，非常美丽。叶呈披针形。花苞呈红色，苞口带疣。水中草与水上草同型，水中草对光度要求不高，只要适度光照即能生长，但是它对 pH 值的变化相当敏感，在中性及碱性水质中育成困难。在栽培过程中，即使仅有几天短暂时间的 pH 值非酸性及高硬度的水质变化，就可能引起植株的腐烂现象，故在照顾时要特别小心。人工输入二氧化碳有助于生长，稳定的养分供应也不能少。

天南星科 Araceae

弗拉明戈椒草 *Cryptocoryne flamingo*
别名：火烈鸟

滋卡丽椒草 *Cryptocoryne zukalii*

辣椒榕草系列

辣椒榕草是天南星科中的一属植物，种类繁多。属于水缘植物，有时也可以看做是挺水性植物。虽然从 1858 年开始植物界就有人在对该物种进行研究，但被人们作为水草利用则是 2012 年以后的事情。辣椒榕草 *Bucephalandra* sp. 命名的含义源自希腊神话中亚历山大王的黑色战马。

在很多爱好者玩无可玩的时代里，不少品种差一点儿就成为了水族新贵，比如缤纷皇冠草、深绿皇冠草、五彩辣椒草，但它们都没有成功。缤纷皇冠草太容易养殖，深绿皇冠草不适合造景，五彩辣椒草和传统辣椒草不容易区分。这些致命弱点警告着新的水草采集商，必须排除这些困难，标新立异，才能得到稳固的利润。

最先把辣椒榕草选为水草新贵的还是日本人，这些年来，日本水族爱好者一直忙着在东南亚到处采集物种，鱼、水草还有爬虫都是他们情有独钟的。在选择水草种源的问题上，日本人似乎特有天赋。比如你我走过一个河岸，只会看看水下有没有新水草，从来不关心岸边长了什么，因为那不是你的目标。日本人则不一样，他们水下的、岸边的都要，然后带回试验看看哪些能栽培在水里。东南亚地区丰富的辣椒榕草资源，不经意间被他们选中了，最后成为了现在最火爆的高档水草。

辣椒榕草克服了在它之前出现的几种水草新贵的缺点。比如：生长缓慢，虽然繁殖不难，但等到繁殖要好久好久；可以捆绑在沉木、岩石上作为水草造景的材料；在它之前没用过使用辣椒榕草名称的水草等。而且，辣椒榕草集成了前几种的优势，比如新颖、另类；品种繁多；大多数没有学名，容易炒作；很多品种的原产地只有少数人才知道等。于是，2012 年下半年开始，辣椒榕草火了，懂和不懂的人都开始栽培。有些人确实喜欢收藏植物，有些人就是为了证明自己买得起 2 厘米长、价格 500 元的昂贵草。

辣椒榕草在光线下，叶片可以展现出缤纷的颜色，因此受到重视

天南星科 Araceae

辣椒榕草 *Bucephalandra* sp.

别名：无　　　　　　　　　　　　自然分布：马来西亚

基本信息：

较难　22～28　5.8～6.8　2～8　中光　前景　CO₂

简介：

辣椒榕草的地域性很强，它们多数分布在加里曼丹岛原始雨林内的清澈溪流中，这种水草有点像辣椒草和榕草的结合体，有类似辣椒草的叶片和类似水榕类的地上匍匐茎。

采集者可以在河流和瀑布中发现辣椒榕草，有时也可以在河岸发现它们的踪影。加里曼丹岛拥有典型的气候特点，这里常年温度都在 20℃以上，拥有两个季节，雨季和旱季。在雨季，河水水位上涨，辣椒榕类植物被完全淹没在水中数月。它们通过转水而维持继续生长。旱季则在河边的陆地上生长。

在水族箱中，辣椒榕草通常被绑在沉木、岩石上栽培，其根系有攀附坚硬表面的能力，甚至可以攀附在光滑的表面。攀附力很强，要从岩石上取下一小段，必须用刀割断根茎。

它们的日常栽培管理方式与榕草与辣椒草类基本相似，虽然昂贵，却是比较好养的水草品种。对光照的要求不高，强光、弱光都能生长，不过光线太强的时候叶片上很容易滋生藻类。生长速度十分缓慢，对肥料的要求不高。如果能人工向水中输入二氧化碳，生长速度会快一些。

莫特辣椒榕 *Bucephalandra* sp. motleyana 产于婆罗洲北部的沙捞越，以及马来西亚和印度尼西亚的很多热带雨林中

银粉辣椒榕 *Bucephalandra* sp. belindae 产于马来西亚吉兰丹哥打巴鲁（Kota Baru）的 Sg Berauh 热带原始雨林区，以及印尼西加里曼丹（West Kalimantan）默拉的维索康（Sokan, Melawi）热带原始雨林区和新宕（Sintang）近郊的暗武吉山 (Bukit Kelam) 热带原始雨林区

新宕宽叶辣椒榕 *Bucephalandra* sp. sintang 2010 产于卡普阿斯河 (Sungai Kapuas) 南岸新宕（Sintang）一带原始雨林的清澈溪流流域

柯达冈辣椒榕 *Bucephalandra* sp. kedagang 产于印度尼西亚柯达岗（Kedagang）地区北部

凯瑟琳辣椒榕 *Bucephalandra* sp. catherineae 产于印度尼西亚

光芒辣椒榕 *Bucephalandra* sp. 产于印尼西加里曼丹（West Kalimantan）塞卡道区域（Daerah Sekadau）的热带原始雨林中

①粉布朗尼粉辣椒榕 *Bucephalandra* sp. "Brownie PINK" Ulu Kapuas West Kalimantan
②蓝布朗尼粉辣椒榕 *Bucephalandra* sp. "Brownie BLUE" Ulu Kapuas
③红布朗尼粉辣椒榕 *Bucephalandra* sp. "Brownie RED" Ulu Kapuas
④玉色布朗尼粉辣椒榕 *Bucephalandra* sp. "Brownie Jade" Ulu Kapuas

西连辣椒榕 *Bucephalandra* sp. "motleyana serian"

巨人辣椒榕 *Bucephalandra* sp. gigantea 产于
印度尼西亚

莫泰亚纳辣椒榕 *Bucephalandra* sp.
"motleyana"

青辣椒榕 *Bucephalandra* sp. "chili blue"

九、其他品种

以上七个部分介绍了人们栽培水草的150年里,各种水草的兴衰更替。其实,栽培水草不是一件必须时尚的事情,只要自己喜欢,养什么品种都能养得非常漂亮。因为本书的水草品种是尽量按分类方法记述的,所以会有一些不属于大分类的水草被遗漏。下文将这些遗漏的水草归纳在一起进行说明。

水鳖科 Hydrocharitaceae

上图:飞天章鱼草

下图:飞天章鱼草野外的生长状态

飞天章鱼草 *Stratiotes aloides*

别名: 水剑叶　　　　　　　　　自然分布: 亚洲、欧洲

基本信息:

容易　　16~27　　6.8~7.5　　6~20　　　　　中景

简介:

　　挺水或漂浮性植物,生长速度快,具有攻击性,翠绿坚硬的叶片和锯齿状的叶缘能划伤抓它的手。 夏季浮在水面生长,秋天沉入池塘底部休眠,春季再次上升。莲座状生长,可从主茎上长出繁殖茎,繁殖茎顶端产生小株。小植株生长一段时间后也会长出繁殖茎,同时原母株频繁长出繁殖茎,周而复始,很快就能生长成一大片,相互连接在一起形成一个带刺的大网络。有根,但很少生长在底床上,一般漂浮在水面,可以用线将其母株捆在沉木或岩石上,随水漂动。适应能力强,喜欢中光环境,在弱光下也能生长。光线过强时会造成叶芯白化腐烂。耐低温,但不耐高温,水温超过30℃停止生长。环境适应的条件下,生长速度飞快,其生长繁衍形成的放射型网络很像游乐园里的章鱼飞船,故名飞天章鱼草。不能适应过软的水,用自来水栽培正好,如果用纯净水栽培,反而容易枯萎。2007~2008年间曾被很多爱好者栽培,后因生长速度太快,植株太大,不容易和其他草配合栽培,而逐渐不被重视。

樱草科 Primulaceae

上图：小白菜草　下图：小白菜草的水上叶

小白菜草 *Samolous parviflorus*

别名：无　　　　　　　　　自然分布：北美洲、南美洲、印度西部

基本信息：

| 很难 | 16 ~ 25 | 6.0 ~ 7.2 | 2 ~ 12 | 强光 | 前景 | CO₂ |

简介：

　　挺水性植物。水上草与水中草的形态相似，叶莲座生，外形很像小白菜。在水族箱中种植时，水温超过25℃，叶片容易腐烂，植株逐渐死亡。转水困难，生长缓慢。对水质适应能力强，喜欢强光环境，需要人工向水族箱中输入二氧化碳才能养好。20世纪80年代就作为观赏水草引种，但不久因为难以栽培、样子普通而被人们冷淡。

樱草科 Primulaceae

上图：雪花草　下图：雪花菜草的叶片俯瞰如同雪花一般

雪花草 *Hottonia inflata*

别名：无　　　　　　　　　自然分布：南美洲的高原和温带地区

基本信息：

| 较难 | 16 ~ 26 | 6.0 ~ 7.0 | 2 ~ 12 | 中光 | 后景 | CO₂ |

简介：

　　挺水性植物。其羽状叶片俯视很像雪花的结晶图案，因而得名。水上草与水中草同型，水上草通常突出水面生长，亦可在湿地上匍匐生长。羽状叶片7 ~ 9枚，无论是水上草或水中草，均不喜欢高温环境，若温度超过28℃，就会生长不良。水上草的栽培比水中草更困难，故市场上出售的都是水中草。在水族箱中需要提供低于25℃的环境，中等光照，对肥料并不苛求。但由于受温度限制，夏季很难栽培。插茎繁殖。

龙胆科 Gentianaceae

上图：水族箱中的香蕉草　下图：野外的香蕉草

香蕉草 *Nymphoides aquatica*

别名：无　　　　　　　　　　　　自然分布：美国佛罗里达

基本信息：

极难　　18～28　　6.0～7.2　　4～14　　弱光　　前景

简介：

　　浮叶性植物。它的浮叶好像睡叶莲一般，能盖住水面。叶圆卵形，在浮叶叶柄的内侧会开出白色的花，并长出近似香蕉串的绿色生殖芽。市场上出售的一半是这种生殖芽。原属浮叶性植物，在水中生长较为困难，若能加深水位，控制光照强度，也能长出数枚有裂缝的圆形水中叶。水中叶的叶缘皱曲，呈绿色至茶色。这种草实际上很难在水族箱中真正存活，一般作为点缀性的小草，放入水中欣赏一段时间后就扔掉了。

莎草科 Cyperaceae

大莎草 *Eleocharis vivipara*

别名：无　　　　　　　　　　　　自然分布：北美洲

基本信息：

较难　　18～28　　6.0～7.0　　2～12　　强光　　后景

简介：

　　挺水性植物。水上草与水中草同型，通常长在湿地，有地下茎。叶子呈线形，亮绿色。它的花开在叶端，头状花序，白色花。可利用种子繁殖，但通常以走茎生殖。将水上草栽培于水族箱中，必须要提高光照强度才不会枯萎，等新的水中叶长出后，再降低光强。长长的水中叶会随水流而漂动，接近水面的叶顶端会长出繁殖芽，慢慢成为新植株。适应水中环境后，生长速度快，应当提供比较强的光照，底床应预置基肥。

莎草科 Cyperaceae

上图：牛毛毡草的水中形态

下图：牛毛毡草的水上形态

牛毛毡草 *Eleocharis parvula*

别名：无　　　　　　　　　　　自然分布：北美洲、非洲、欧洲

基本信息：

较难　　20 ~ 28　　6.0 ~ 7.0　　2 ~ 10　　强光　　前景　　　CO_2

简介：

　　挺水性植物。因叶片密生、细如牛毛而得名。水上草与水中草同型，但水上草看起来健壮而硬挺，水中草则相当柔软。水上草的生命力顽强，繁殖速率快，常自生于水田边，被视为稻田杂草。主要靠其丝状匍匐茎在泥中延伸生殖，经常会在叶尖开出白色的小花，并会结果产生种子，故也能利用种子在湿地上繁殖。近十多年来一直被作为不错的前景草种植，近两年还人工培育出了更矮小的变种——迷你牛毛毡草。需要强光环境生长，在弱光下会烂叶。如果不采取向水族箱中人工输入二氧化碳的方式，生长速度比较慢。

唇形花科 Lamiaceae

喷泉太阳草 *Pogostemon helferi*

别名：无　　　　　　　　　　　　　　自然分布：泰国

基本信息：

极难　　18 ~ 25　　5.8 ~ 6.8　　2 ~ 8　　强光　　前景　　　CO_2

简介：

　　挺水性植物。水上草与水中草同型，都具有 4 ~ 5 片的深皱褶的轮生叶，形成莲座形外形，颇为特殊且漂亮。水上叶深绿色，水中叶黄绿色。成株会长出绿色的茎，水中草的茎容易生出水生根。野生植株多生于水流湍急的石头缝隙之中，生长缓慢。对水质的变化十分敏感，如果水质突然波动，马上会出现烂叶或整株枯萎死亡，保持水质的稳定性相当重要。栽培非常困难，是最难栽培的水草品种之一。需要提供强光、高二氧化碳的环境，水温不能超过 26℃。

缴形花科 Apiaceae

草皮 *Lilaeopsis novaezealandiae*

别名：无 　　　　　　　　　　　自然分布：澳大利亚、新西兰

基本信息：

5	18~26	6.0~7.0	dH 4~12	强光	前景	CO₂
较难						

简介：

　　挺水性植物。是被栽种历史最长的前景水草，至少有20年的栽培史。水上草与水中草同型，水上草的叶片为狭披针形，由地上匍匐茎长出，叶子细长，没有叶柄，能密密麻麻地生长于湿地上，宛如一片草皮。会从匍匐茎开出白色小花。水中叶也是狭披针形，但较水上叶略大。市场上出售的都是水上叶植株，只要栽种光线强，水温低，即能很快转化成水中形态。反之，如果水温高，光线弱，则容易枯萎死亡。

缴形花科 Apiaceae

天胡荽 *Hydrocotyle sibthorpioides*

别名：天胡葵 　　　　　　　　　　自然分布：中国、日本

基本信息：

3	18~28	6.0~7.0	dH 2~14	强光	前景	CO₂
容易						

简介：

　　耐湿草本植物，有特殊气味。茎细长而匍匐，喜生长在低洼的阴湿处，茎伏生于地面，节上生根。叶互生，叶片薄，圆肾形或近圆形，有5~9个浅裂，每一个浅裂里有钝锯齿。生长速度快，繁殖力强，不论山区或平地，甚至花盆表面，均能见到它的踪影。直接将水上草种于水中，容易发生枯萎现象，必须等到水中草长出之后，才能完全适应水中环境。水中草栽培容易，一旦适应环境后，就很不容易死。在强光下生长迅速，很快就能长满整个水族箱。由于其快速生长的特性，近两年很多水草造景水族箱使用这种草作为前景草，或将其种植在岩石缝隙里。

缴形花科 Apiaceae

上图：香菇草的水上形态　下图：香菇草的水中形态

香菇草 *Hydrocotyle verticillata*

别名：铜钱草　　　　　　　　　　　自然分布：亚洲、欧洲

基本信息：

容易　　18～28　　6.0～7.0　　2～15　　强光　　前景　　CO_2

简介：

　　挺水性植物。长相与香菇类似，故得名。它具有一个盾型叶，叶缘微呈微小的钝锯齿状，叶柄接于叶中心，外观像一把撑开的伞，植物体呈绿色，通常用地下茎横走生殖，也会从茎节长出花茎，偶尔开白色小花。水中草与水上草同型，但叶径较小，叶柄较长。对水质的适应能力强。直接将水上草种于水中，容易发生枯萎现象，必须等到水中叶长出之后，才能完全适应水中环境。养活并不困难，但要养得好看并不容易。

缴形花科 Apiaceae

苹果萍 *Limnobium laevigatum*

别名：圆心萍　　　　　　　自然分布：广泛分布在热带和亚热带地区

基本信息：

容易　　15～28　　6.0～7.2　　2～15　　中光

简介：

　　漂浮性植物，大型浮萍，叶片可以生长到直径 8 厘米。对水质适应能力广泛，喜强光，怕低温，生长速度快。无实根，水下根状叶会随着植株的生长而不断增长，是小型鱼类喜欢栖身的避难所。作为水族箱中的点缀物，这两年受到人们广泛喜爱。

缴形花科 Apiaceae

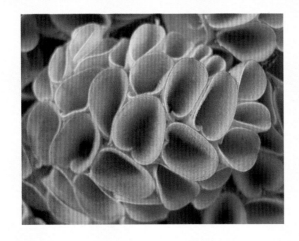

肚兜萍 *Salvinia minima*

别名：无　　　　　　　　　　　　自然分布：广泛分布在热带和亚热带地区

基本信息：

容易　　16～28　　6.0～7.2　　2～14　　中光

简介：

　　漂浮性蕨类植物。叶片绿色或深绿色，内凹形成小碗状，叶片由纤细的茎连接生长，连成片时非常美丽。对环境适应能力强，喜欢强光到中光环境，对肥料要求不高。生长速度适中。是近几年来被人们广泛栽培的水族箱装饰植物。

狸藻科 Lentibulariaceae

挖耳草 *Utricularia reticulat*

别名：无　　　　　　　　　　　　　　　　自然分布：亚洲南部

基本信息：

较难　　20～28　　6.0～7.0　　2～8　　强光　　前景

简介：

　　湿地植物。是一种一年生的小型食虫植物，通常生活在浅水里，也可以长在湿土表面。其叶片呈线形或长卵形，长0.6～0.8厘米，有捕虫囊的结构，可以靠捕虫维生。2000年后，被引种作为水族箱内的前景草，由于能生长成大片的"草皮"，被认为是当前的前景草之王。喜欢中强光，需要种植在草泥上，种植在沙子上生长不良。喜欢弱酸性软水，种植前期生长缓慢，适应环境后生长加速。栽种时有些困难，因为个体小，植根浅，容易漂浮起来。最好在水族箱中人工输入二氧化碳，帮助其迅速生长成一片。栽种时一定要埋深一些，把叶片全埋到底床中也可以。如果栽种过浅，生长成片后很容易大面积漂浮起来。

狸藻科 Lentibulariaceae

槐叶萍 *Salvinia natans*

别名： 蜈蚣萍、山椒藻　　　　　　自然分布： 广泛分布在欧亚大陆上

基本信息：

非常容易　　15～28　　6.0～7.2　　2～16　　中光

简介：

　　漂浮性蕨类植物。是一种非常容易栽培的浮萍，叶片犹如槐树叶形，叶片表面密布细毛。叶片由纤细的茎连接，有时可能数百片叶连接在一起生长，遮盖水面。没有根，水下似根的组织是其叶片的另外一种形式，能长得很长。对水中营养盐吸收能力很强，一般在建缸初期栽培，既能为适应中的水草遮挡一定的光照，又能吸收过多的营养盐。喜欢中等偏强的光照环境。生长速度飞快，只要引进几片叶，数周就能繁殖得遮满整个水族箱水面。

狸藻科 Lentibulariaceae

大藻 *Salvinia natans*

别名： 水芙蓉　　　　　　　　　　自然分布： 中国南方大部分地区

基本信息：

非常容易　　15～32　　6.0～7.5　　2～18　　强光

简介：

　　漂浮性植物。主茎短缩而叶呈莲座状，从叶腋间向四周分出匍匐茎，茎顶端发出新植株，有白色成束的须根。叶簇生，叶片倒卵状楔形，长2～8厘米，顶端钝圆而呈微波状，两面都有白色细毛。大藻为天南星科大藻属中的唯一一种，须根发达，悬垂水中。容易栽培，喜强光，对肥料消耗大，在污水中能生长。通常漂浮栽培在金鱼盆上，既能起到美化作用，又能净化水质。

第四章 水草的栽培与造景

当今谈到水草栽培，似乎就必谈水草造景。不太了解水草栽培技术的朋友，都认为栽培水草就是为了造景的。其实，这是个误区。因为水草造景的基础是水草栽培，如果养不活水草，或者栽培不合理，不论什么养的景都是不能展现出美丽的。

应当说，人们将水草栽培在水族箱中，当水草生长得很健康后，景色自然就出来了。所谓的造景，就是重新排列组合能够生长很健康的水草。在开始造景前，必须充分了解不同品种水草的栽培方法。

水草栽培技术分为：栽种、日常管理和修剪三部分。

一、水草的栽种方法

如同种植庄稼一样，不同的植物需要用不同的栽种方法，才能确保成活。比如种植水稻，要先育苗然后插秧，而玉米可以直接在农田里播种。水草的栽种方法也有很多，将一些不常用的方式（比如种子栽培、组织培养等）去掉，在水族箱中栽种水草的方法通常分为栽种法、插茎法和捆绑法。当前，在小型水草造景时还流行一种"干种法"。

小型前景草的栽种方法

泽泻类、辣椒草等通常采用栽种法种植

在栽种前要去掉过多的根系，不要担心根系少了会造成水草死亡，老根是没有用的，水草要生长必须靠在水族箱中长出的新根

栽种法

栽种法就是将买回来的水草直接栽种到水族箱中，皇冠草、辣椒草、水兰、水薤、睡莲类通常采用这种方法栽培。这些植物有明显的根系，有些根系十分庞大，有些具有块茎或球根。在商店里出售的时候，这些水草是根茎叶完整的，买回家后将根系和叶片清洗干净，去除螺蛳和螺蛳卵，然后将根直接埋入沙子或泥丸中。

在实施栽种法时，应当尽量减除水草的老叶和老根。这是因为在新的栽培环境中，植物原有的根系和叶片并不一定能适应存活，相反，它们会大量枯萎腐烂，污染水质。在栽种具有鳞茎（比如喷泉草）、球茎（比如网草）、块茎（比如荷根）的水草时，即使将叶片、根系全部去掉也没有关系，只要其鳞茎、球茎、块茎不受损害，就能很快地生长出新的根和叶。

剪除老叶和老根还可以刺激水草尽快适应新环境，生长新根和新叶。对于一些买来就是水上叶的水草（比如皇冠草），需要尽量多地去除它的叶片，只保留中心一两片叶子就可以了。因为水上叶根本不能适应水下环境，一两周后就会全部腐烂。过多的水上叶会抢夺营养，阻碍新水下叶的萌发。

插茎栽种法

插茎栽种时，应将水草尽量剪短，这样成活率会大大提高；尤其是水草下部老化的茎和叶一定要剪掉

插茎法

插茎法当然是适用于插茎类水草的栽种方法，爵床类、榕草类、谷精太阳草、蜈蚣草、金鱼藻也是利用这种方式进行栽种的。这类水草在出售时，并不带有完整的根系，它们是由饲养者从自己的养殖箱内剪下来的断枝，一般长10～20厘米，没有根或有少许水中根。将这类水草买回，清洗干净后，用镊子夹着直接插入水族箱底床中就可以生长。要注意的是，新根会从茎节处生长出来，埋入底床中的茎必须含有茎节。

在插茎栽种时，也应当尽量去掉水草的老叶，特别是水上叶。插茎完毕后，用手轻轻搅动水，看是否有没插牢的水草漂浮起来。

插茎栽种分为单株插茎和多株插茎。大多数水草需要使用单株插茎方式才能生长良好。少量纤细的水草在造景时采用多株插茎。单株插茎时，植株间隙根据水草叶片的大小而定，大型叶片的水草植株间隙就要留多一些，小型叶片的可以留少一些。通常，植株间隙距离等于水草一片成叶的长度。珍珠草、宫廷草等小叶水草，可以采用多株插茎。因为这些水草的叶片太小，而且稀松。如果种植过于稀疏，则非常难看。多株插茎时，可将3～5株（最多不超过5株）水草整合在一起插入底床中，然后空出一个草叶的长度再插第二丛。这样种植出的水草，生长成熟后，就能成为繁茂的一大丛。

捆绑法

对于莫丝、蕨类植物以及小榕草、辣椒榕草，通常采用捆绑法栽种。就是利用钓鱼线把它们捆绑在沉木、岩石等造景材料上，待其生长茂盛后，就自然附在造景材料上了。有些人认为，一开始捆绑的数量越多，未来生长越茂盛。这种观点是错误的。实际上，捆绑后只有紧贴造景材料并能受到合理光照的植物片段才能很好地生长并固定在造景材料上。如果捆绑得又厚又多，处于上层的植物片段可以接受光照生长，但无法扎根于造景材料上；下层的片段可能得不到光照而无法生长。一段时间后，上层的因无法扎根而漂浮起来，下层的则全部腐烂死亡。正确的捆绑方法是在造景材料上绑上薄薄一层，让植物片段既接触到光，又可大面积接触造景材料。

对于一些细碎的苔藓类，如鹿角苔、珊瑚莫丝等，不容易用钓鱼线捆帮，可以采用塑料网将其网在造景材料上生长。另外，莫丝类在捆绑时，要尽量将它们分解得细小一些。这些植物只有新长出的生长点才能附着到造景材料上，老叶是不能附着的。如果老叶过多，新芽只能在边缘生长。日后，边缘全部附着在造景材料上，中间部分却鼓起，甚至漂浮起来，十分不美观。

　　蕨类大多是水上养殖的，它们进入水族箱后，老叶不能适应水下环境，所以可以全部剪去，只留下假茎。这样既好捆绑，又可以很快生长出新的水下叶。小榕草和辣椒榕草生长缓慢，捆绑的时候可以多留下一些叶片，否则栽种后，成景速度太慢。

①蕨类的捆绑方法

②有茎类的捆绑方法

③捆绑好的有茎类水草

④用网兜捆绑细碎的鹿角苔

⑤莫丝捆绑好后要剪除多余的枝丫，以免日后乱长

⑥有些莫丝和蕨类被销售商固定在不锈钢网片上出售，这种网片可以直接折成圆筒状卡在沉木上

⑦有茎类（珍珠草）捆绑生长一段时间后，会扎根到附近的底床中

⑧用不锈钢网卡在沉木上生长的怪蕨莫丝

利用干种法种植迷你矮珍珠草

在无水的潮湿环境下生长良好的迷你矮珍珠草

干种法

干种法就是在没有水的环境下种植水草，这听起来十分可笑，但确实很可行。所谓的"干"，并不是一点水没有，而是确保底床潮湿，并且有一定的积水；还要保证空气湿度，放置水草叶片干枯。

因为大多数水草是挺水植物，它们能够适应在空气里生活。在这个原理下，干种水草的方式就诞生了。通常一些细小、容易在栽种后漂浮起来的水草采用这种办法种植，比如矮珍珠草、迷你矮珍珠草、挖耳草、天胡荽等。

栽种时，先在水族箱中铺好底床，然后加入水，加水的高度以刚刚漫过底床为好。用镊子将小型水草一簇一簇地栽种到合适的位置。然后，用一张保鲜膜覆盖在水族箱上，放至箱内的水分流失。打开照明设备，水草便开始生长。一般3～5天水草就开始扎根，这时，可以将水族箱内水位提高1厘米，漫过水草，以防它们生长过多的水上叶。待3～5周后，水草已经生长得非常茂盛，根系深深地扎入底床中。此时，可以去掉保鲜膜，把水族箱的水位提高到正常高度了。

二、水草的日常管理

水草栽种好后，就进入了日常管理环节。我们在前面已经介绍了如何使用灯光、肥料、二氧化碳等知识以及如何防止藻类的危害，可以根据自己实际情况灵活运用。这里要说的是，水草水族箱和养鱼的水族箱一样，也要定期擦拭、清理，时不时还要用水波动几下水草，防止底层的叶片被水族箱中的尘埃覆盖。

在水草种植前期最好不同时养鱼，如果养鱼也最好不喂食。此时，水族箱内生态系统极其脆弱，很容易暴发藻类。枯萎、掉落的水草叶片要及时清理出水族箱，如果有漂浮起来的水草要尽快种回原位。水族箱内壁会附着藻类，要2～3天擦拭一次，以便观察欣赏。在擦缸的时候，要避免碰倒造景材料，沉木和岩石的倒塌很容易砸伤水草。

水草水族箱换水的时候，一般不清洗底床，这和养鱼不同。养鱼换水时，我们会从底部抽取脏水，顺便将鱼的粪便抽出来。有些人还会使用洗沙器来翻动清洗沙子。在水草种植后，绝对不要翻动底床。底床内铺设了大量的肥料，被翻动后会污染水质。不论是沙子还是泥丸，被搅动后都会漂浮起大量的尘埃，尘埃落在水草叶片和叶芽上，影响水草的生长，也会使水族箱内浑浊不堪。

建立规律的管理方法是非常重要的，要尽量保证每天的开灯、关灯时间基本相同，每周的换水时间、换水次数、换水量基本相同，肥料添加的次数和时间基本相同。这样，水族箱内部生态系统就会稳定平衡，水草就能生长得茁壮美丽。

三、水草的修剪方法

多数水草是生长速度很快的植物，即使是生长速度慢的水草，相比陆地上的多数植物也可以算是生长快的品种。一旦水草生长过于茂盛，或者生长到了水面，就必须进行修剪。修剪水草可以刺激其更好地新陈代谢，还能够修剪出自己喜欢的水族景观。不同品种的水草要采取不同的修剪方式，常用的修剪方法有修叶、分株、打头、间株、剪枝、扫边、切薄、摘心、留茎去根等。

在环境良好的情况下，水草很快就能生长得十分茂盛，看上去杂乱无序，此时必须进行修剪

利用修叶法为修剪辣椒草

修叶法

修叶法是指修剪掉水草过多的叶片，防止相互遮挡光照而影响生长。修叶法适用于莲座生的水草和蕨类水草，比如皇冠草、辣椒草、喷泉草、波浪草、黑木蕨、铁皇冠草等。

修叶时，要先修剪老叶、下层叶以及残缺不全的叶片。修剪后能保证水草的每片叶都可以接受到光线的照射就可以了。

分株法

当莲座生水草生长过大，叶片过多，已经从根部分裂成多个植株后，就要进行分株修剪。此时，单纯修剪叶片已经不能达到促进水草健康生长的目的，因为它们不但叶子太密了，就连根系也太繁盛了。

分株时，需要将水草连根拔起，洗净根系上的泥土和沙子，将原始植株上生长出的小植株全部掰下来，再分别种回水族箱。这种方法操作比较麻烦，通常一年左右进行一次，主要适应于辣椒草、皇冠草、睡莲类等。

①分株前将水草拔起
②将新株和老株分开
③将新、老植株分别栽种回水族箱

打头法

打头法是对插茎类水草最常使用的修剪方法，因为多数插茎类水草生长速度快，所以打头是水草修剪中使用最频繁的一项。当插茎类水草生长过高时，就可以用剪子将它们的茎剪短。通常，根据水族箱的高度确定打头的长度。比如水族箱高50厘米，当前水草已经生长到45厘米，这时就需要修剪掉20～25厘米的高度，所谓"打掉一半"，留下20厘米左右高度的水草下半部，让其继续生长。修剪下来的茎可以直接栽种到地床上成为新的植株。

由于插茎类水草都是越靠近水面的部分，叶片越茂盛，叶色越鲜艳，所以打头后，水草的观赏价值将大打折扣，这种状态直到1～3周后新的顶芽生长出来为止。

打头不但可以修剪水草，还可以让插茎类水草生长更茂盛，因为当我们打掉水草顶芽后，其下部的茎节就会生长出多个新芽。在环境条件合适的情况下，多个新芽会同时生长，当它们生长到原来的高度后，一株水草可能就变成了若干株，整个水草丛比修剪前茂密了几倍。

打头修剪法

利用打头修剪后的细百叶草

利用间株法为细百叶草修剪

间株法

当多次打头后，有茎类水草会生长得过于茂盛，这时就不能再继续打头修剪了。因为每次打头都会让水草茂密几倍，长此以往，水草丛密度过大，相互遮蔽光线，会造成下部的茎叶因缺光而腐烂。这时要采用间株的方法进行修剪。

间株就如同种植庄稼时候的间苗过程，是连根去掉水草丛中生长处于劣势的植株。一般将茎细叶小、生长不良或者生长畸形、不美观的植株直接拔除。在操作时，一定要间隔拔除，即每隔几株拔掉一株，不能只拔一边或同一部分的水草。间株后，水草的生长空间又宽阔起来，剩下的水草可以更好地伸展生长。

左图：剪枝修剪法
右图：利用剪枝法为细百叶草修剪

左图：利用扫边法修剪莫丝
右图：利用切薄法修剪鹿角苔

剪枝法

有些水草具有繁茂的根系，在底床内错综复杂连接在一起。此时，使用间株法会在拔起一株的同时带起很多株，这时为了降低水草的生长密度，就要采用剪枝的方法。

水草剪枝和给花卉、果树的剪枝方法一样，都是去掉过多的枝丫。水草剪枝时，先剪除过长的枝杈和生长不良的枝杈，以剪枝后水草丛通透，每株水草都能受光充分为好。

扫边法

扫边法是针对莫丝类水草的专用修剪方法，因为手法很像理发师对头发的扫边操作而得名。由于莫丝类水草呈辐射性生长，生长一段时间后会四处蔓延，混乱而蓬松。此时，利用剪刀沿其边缘，有顺序地修剪掉它们过度蔓延的芽片，莫丝就会重新有序生长。

扫边后，要用渔网将剪下的水草碎片捞出，以免它们漂浮到其他地方生长。

切薄法

和扫边法一样，切薄法也是根据理发方式发明的莫丝类水草修剪方法，其目的是减小长期生长的莫丝群落的厚度。当莫丝类生长过于旺盛时，通常非常厚实，交错在一起的叶片高高耸起于造景材料之上，此时需要进行切薄操作。用剪刀均匀修剪掉最上层的莫丝，留下下面的继续生长。切薄还可以防止下层的水草叶片因缺光而腐烂，造成整簇莫丝脱离造景材料而漂浮起来。

摘心法

摘心修剪并不是要减小水草密度，而是尽量扩大水草密度，使水草在短时间内生长紧密，呈灌木丛状。一般在园林型水草造景中经常使用。

因为植物生长时具有顶端优势的特性。如果有顶芽存在，侧芽就无法生长或生长缓慢。人工去掉顶芽，就可以使水草尽快生长出侧芽。摘心是农业果树、茶树和一些花卉养殖上的术语，意思就是去掉顶芽，以及长度够了的侧

左图：生长不够密集的珍珠草需要用摘心法修剪

右图：摘心修剪法

芽顶端，使植物枝条越来越多。

　　通常，珍珠草、矮珍珠草、爵床类在造景种植时会使用这种修剪方法，因为这些植物如果不修剪，就会生长得又细又高，非常难看。另外，如果想让其他插茎类水草在栽种后尽快生长茂密，也可以使用这种修剪方法。

留茎去根法

　　留茎去根是最不常用的修剪方法，其操作是将有茎类水草沿根剪切下来，不留任何根上部分，然后将剪下的茎插入底床中让其重新长根生长。这种方法适用于顶端叶片丰富美丽，但茎下半截叶片稀少，打头修剪容易造成茎枯萎的水草。另外，水草造景时为了避免打头后水草出现短期的不美观情况，也使用这种方法。红蝴蝶、古巴叶底红、红太阳草等的修剪会用到这种方法。

　　这种修剪方法的弊病是残余的根系会在底床中腐烂，如果切茎切得不干净，留下的根系可能还会滋生出新的小芽。

①将过高的水草齐根剪断

②将剩余在底床上的水草残茎修剪干净

③将剪短的植株重新种植回水族箱

四、水草造景

水草造景是当前水族箱爱好中的热门类别，可以说每谈水草，必说造景。水草造景使栽培水草这种爱好和栽培盆栽花卉有了本质的差别。盆栽通常是为了欣赏单株植物的生长和美丽，水草造景是欣赏多种植物搭配种植的状态。在发达国家，水草造景、礁岩生态和人工鱼是水族爱好的核心，三者总消费量占整个水族行业消费量的90%以上。水草造景爱好从欧洲开始，经过日本、东南亚和中国台湾地区的"添枝加叶"，形成了现在丰富多彩的模式。了解水草造景的原理和历史，能大幅提高水草栽培的乐趣。

如果把水草造景上升为一个学科的话，其应当由两个不同领域的知识构成，一方面是植物学知识，另一方面是美术知识。我们往往认为，水草造景是模仿自然水下样式塑造出的人工景观，给人以清新自然的感受。但实际上，即使被称作"自然水景"的造景样式，也与真正的自然景致相去甚远。这就是艺术的魅力所在，它永远来源于自然，并高于自然。高出的那部分就是人类思想在其他生命体上的表现。

如果你只想养几条鱼，那么简单地种植一些容易栽培的水草，就是最好的造景

按传统说法，水草造景多被按国籍进行分类，通常包括荷兰式造景、德国式造景和日本式造景。这种说法是陈旧而且不科学的。虽然有些水草造景模式的确起源于某个国家，但不是完全按照这个国家和民族的文化理解设计的。每种造景模式在诞生前、发展中以及衰落后，都会融合多地区多民族的艺术、文化。只是因为各国的水族行业发展速度不一样，造成了似乎在某个时代里，某个国家水草造景独成一派的假象。如果剖析各国水草造景的内在规律，就会发现它们本质上非常相近，生物饲养原理基本相同。

因此，本书按照各种水草造景模式的历史发展顺序和其本质的风格差异，将其分为园艺式水草造景、自然式水草造景和水下盆景三个类别。在阅读文后内容后，你会发现决定水草造景风格差异的元素是人类历史的发展，其中包括文化的发展和科技的发展。水草造景和水生植物本身以及自然水域环境的关系并不大，植物仅是个载体，造景真正的灵魂是人的思想。水草造景爱好应当属于一种文化艺术爱好，而不是自然科学爱好。

水草造景理论的形成

早期的水草造景没有理论可寻，人们随意用自己喜欢的方式在水族箱中种植水草，逐渐有些人种植的模式被更多人所认同，这种模式就是水草造景理论诞生的基础。随着更多的人模仿使用被广泛认同的种植方法，这种方法中内在的规律性逐渐被提升成了理论。这种理论一定是由具有美术功底的水草爱好者所提出的，因为其原理就是美术设计的基础知识。

视点的把握

    水草造景和创作一幅画的着手点是一样的，必须要先找到视点，也就是整个作品的核心部位。比如水族箱有100厘米长，我们看第一眼的时候不可能将其间所有景物都看清楚，肯定有一个视觉的第一落点。这就是水草造景中的视点，也可以称为中心视点、主景观等。

    视点所在的位置是否协调，决定了造景是否能给人第一印象的美感。将视点设计在水族箱正中，虽然很吸引人的眼球，但整个景观看上去会很呆板。试点过于边缘化，会给人整个景观散漫无序的感觉。最常被采用的视点是水族箱的黄金分割点，这种视点选择会给人很好的协调感和空间感，符合人类的自然审美规律。

A 黄金分割点作为视觉焦点，在此处两石叠加形成褶皱，给人丰满的视觉感受

B 多重黄金分割点的利用，与 C 点形成"井"字结构，给人两个以上的视觉关注点

C 相对 B 点为下方视觉点，不能在 B 点的正下方，应当是斜下方成"井"字结构的对角，否则整体造景会感觉不自然

D 箭头所标示出的沉木枝杈方向给人无限的延伸感，能有效地在狭小空间里制造出广阔空间的错觉

E 黄金分割点最高，给人很强的冲击力，能缓解人对周围环境的关注力，造成广阔空间的错觉

F 两块沉木对应造景，应当将大块沉木的重心放在下方视点，从而使整个造景体现出沉重感

G 由于主视点体现出了沉重感，辅视点就应当留白，否则整个造景过满，给人拥堵的感觉

左图：水草成簇生长是一种自然现象也是一种自然美
右图：同种水草生长在一起，而不是杂乱生长，是一种自然现象也是一种自然美

视点上要种植的水草或摆放的造景材料就是你要突出展现的品种或景色，它可以是一株高大的水草，也可以是一块石头、一根沉木等。

将黄金分割点作为水族箱的视点，是最简单、最传统也最容易制造出美丽景观的方法，但并不证明所有的水草造景都要使用这个定律。对称法、辐射法等设计也有很多出奇的作品，但初学者很难把握。如果想提升水草造景的造诣，可以多参考美术理论和美术设计作品，多欣赏一些绘画和雕塑作品，或许能从中悟出美学的要素，即使悟不出来，也可以增长见识，多一些参照。水草造景的最终欣赏者是人，了解大多数人对美的感受是水草造景的第一基础知识。

自然规律

我们现有的一切艺术应用都来源于对自然的模仿，即使是抽象艺术也是从自然艺术发展而来的。比如：最早人们绘画就是画得越像越好，当能将事物画得很像后，人们才开始追求风格化和抽象化。

这就是艺术发展规律。在绘画市场中，工笔画、写真画虽然不如名贵的写意画、抽象画的价格高，但它们的价格非常稳定。大师和学生同时画一个工笔的猫，只要化得像，价格是相差无几的。写意画等就不一样了。大师的画可能价值万金，学生的画也许分文不值。这说明了一个规律，自然界本身存在的事物往往是美和协调的。比如：在黑白搭配上，几乎没有哪种配比能比斑马身上的皮毛斑纹看上去更协调；在红绿搭配时，鹦鹉一身天然的羽毛看上去一点都不怯，而人很少能将这两种颜色搭配得很好。

习惯成自然，自然的东西看上去很习惯。看上去习惯就是协调。协调是评审美的基础。要想让水草造景充满美感，就必须了解水草的自然生长规律，按其自然生长方式栽种。在自然界，水草都是一丛一簇地生长，没有如人工水田里稻秧那样横成排、纵成列的。因此，为了使水族箱的景色更美丽，我们有必要尊重水草的生长规律，尽量一丛一簇地种植，不要多品种混搭在一起密集栽种，更不要东一株西一棵的栽种。

另外，在自然水域里，一个区域内可能只有一种水草，即使有多品种也是挺水植物、沉水植物、浮叶植物混搭生长的，很少有多种同生长习性的水草生长在一起的现象，这是由生物间的竞争关系造成的。而在水族箱中，我们常常会种植多种来自世界各地的植物，如果胡乱搭配，其景观就会非常混乱、难看。

除非你已经具有了很高的水草造景技术，否则应尽量保证一个水族箱中的水草品种不超过10种。这些搭配在一起的水草，叶片、茎的生长方式应当有相近之处，它们才能融合在一起成为一个景观。比如：将大叶子的泽泻类（皇冠草）和叶片很小的珍珠草搭配在一起，是很难做到协调美观的；将叶片圆形的睡莲和叶片纤细的湖柳草种植在一起，也会让人感到混乱。

疏与密

通常，我们讲工作生活都要张弛有度，才能健康快乐。这是人类生活的基本法则，应用于多数领域。比如：在一座漂亮的城市里，既需要高楼林立的商务区，也需要开阔的生活广场，而这两类建筑往往比邻在一起，让人能从"丛林"一下子来到开阔的"平原"。如果在城市的所有地区都是高楼林立，就会感到十分压抑。如果一座城市内全部都是低矮建筑和开阔的空地，我们就会有不安的感觉。这些就是我们人类对疏与密的认识和反应，体现在生活方式上就是张与弛，体现在本书的排版上就是"密排"与"留白"的搭配。

只有良好的疏密搭配，才能给人协调的美感。在水族箱造景上，通常在视点位置应当密集种植水草，而边缘位置应当疏松种植，

这就会给人很强的景观延展性和想象空间。再有，在造景材料周围应当密集种植水草，以造成群落生长的态势，而在没有造景材料的区域可以稀疏种植，作为留白的空间。另外，大叶片的水草应当稀疏种植，而小叶片的水草应当紧密种植。

总之，疏与密的灵活运用是水草造景里的必修课。疏密搭配的经典案例，多在公园、城市建筑群、高档小区里可以见到。爱好者不妨在路过这些地方的时候，用心观察其原理，并运用到水草造景之中。

白色虚线内为水草种植密集区，黄色虚线内为水草种植稀疏区

红色虚线内为造景材料使用密集区，黄色虚线内为造景材料使用稀疏区

大与小

　　了解大小关系和疏密关系的目的是一样的，都是为了让水草造景看上去更协调。植株高大的水草通常独树一帜，具有强烈的表现性，不适合多株种植在一起，特别不适合多品种的大型水草混合栽种。相反，小型水草有很强的搭配性，每一株都不是很突出，但联合起来是不错的造景群落。现今，已经很少有人使用大型水草造景了，因为设计起来很不容易协调。在小型水草群落中，适当搭配一些具硕大叶片的水草，会让整个水族箱更有层次感。

　　大型水草和小型水草的搭配要把握如下几个原则：

　　① 大少小多。大型水草和小型水草搭配时，一定要控制数量，通常一两株就可以了。如果大型水草过多，就会遮挡小型水草，使水族箱景观显得凌乱，并影响小型水草的生长。

　　② 大主小次。在大型和小型水草搭配时，大型水草通常是主景观水草，而小型水草是整个造景的修饰品种。

　　③ 大深小浅。为了突出主宾、层次，大型水草的颜色应当比所搭配的小型水草颜色深重、浓厚；否则，会出现大水草的轻飘感觉，使水族箱景观看上去空旷、无主次，让人有不安的感觉。

　　④ 大高小低。大型水草应当高于小型水草，如果小型水草过高，比如在一圈高到水面的插茎类水草丛中，种植一株低矮的皇冠草。因为主视点在皇冠草上，欣赏者会感到十分压抑，好像自己周围的东西也要挤压下来似的。

上二图中，黄色虚线内为大叶片水草的布置区，红色虚线内为小叶片水草的点缀区

水草颜色沿着箭头方向，分别向上、下从冷色调转换为暖色色调，这种搭配给造景带来很大的活跃感，同时增加了视觉空间感

深与浅

　　深与浅指的是水草的颜色搭配。在水草造景中，以不同绿色的搭配最为重要。虽然都是绿色水草，但给人的感觉是不一样的。翠绿给人清爽的感觉，墨绿给人凝重的感觉，黄绿给人温暖的感觉，葱绿给人健康蓬勃的感觉。各种不同深浅的绿色良好搭配，才能给人协调美丽的感觉。这种感觉实际上是我们感官对灰度变化的一种识别。也就是说，当我们把水草造景照片用软件转化为灰度图片后，发现不同深度的灰搭配得非常和谐，其彩色原版也非常美丽。

　　深浅配合与前面所说的疏密有直接关系。在水草造景中，密的地方需要深，疏的地方需要浅。进而，主视点需要深，边缘需要浅；大型草需要深，小型草需要浅；单株的草需要深，大丛的草需要浅。

沉木与岩石

水草造景中，最常用的材料就是沉木。沉木是热带和亚热带木质坚硬的乔、灌木死后的根系和部分树干在泥沙河流中经过长期浸泡腐朽形成的天然工艺品。沉木遇水后能沉入水底，并且向水中微微释放单宁酸，是饲养喜酸性水质鱼类和水草造景的良好材料。

现在水族市场上使用的沉木大概分为三种：热带沉木、酸枝根和杜鹃根，另外一些南方硬杂木的根也可以直接用来当沉木使用。

酸枝根

酸枝根和硬杂木根是现在最流行的沉木，呈现出深褐色的外表。它们没有马来沉木那样长时间自然腐朽的历史，是人工采集的热带和亚热带硬木树根手工剥皮而成。这种沉木形状美丽，因为是植物根部，分支非常多，非常适合水草造景使用。其内含有的单宁物质并不太多，浸泡在水族箱内，"黄水"的程度比马来沉木轻得多。

热带沉木

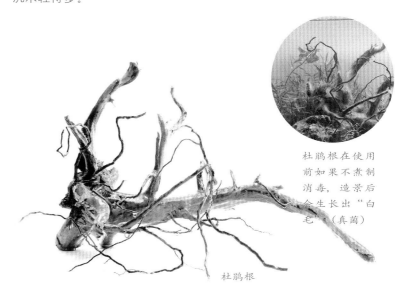

杜鹃根在使用前如果不煮制消毒，造景后会生长出"白毛"（真菌）

杜鹃根

热带沉木是产于马来群岛以及其他热带沼泽地区的热带乔木死后的树干和根系，有些还是在海水中浸泡而成的，是最早被人们使用的沉木，每年产量很大，一些国家和地区称其为"流木"或"阴沉木"。这种沉木多数呈大块状，使用前要长期浸泡或者水煮，去除过多的单宁物质。即使这样，热带沉木长期浸泡在水族箱中时，还是会把水染成浅茶色。由于形状枝丫较少，又爱"黄水"，目前只有饲养南美洲和东南亚的喜酸性水质小鱼时才搭配这种沉木，通常不使用在水草造景和其他水族箱中。

杜鹃根是几年前从日本流行起来的水草造景沉木，现在已经很少使用了。杜鹃根呈暗黄色，由于植物特性，枝丫复杂多变。在硬杂木根没有被人们发现可以用来制作水草造景前，杜鹃根是很好的材料。相比硬杂木根，杜鹃根过于复杂凌乱，而且因为木质不够坚密，要经过长期浸泡，充分吸水后才能沉入水下。

青龙石

在水族箱中放造景的石头，是人们很早就使用的造景方法。无论是喜欢碱性水质的鱼还是喜欢酸性水质的鱼，都可以搭配岩石造景。常用的水族箱景观石材有青龙石、松皮石、鹅卵石、硅化木四种，一些砂岩、花岗岩和大理石的碎片也经常被采用。

青龙石是一种硅酸盐矿石，含有一定的碳酸钙成分，是目前水草造景中最常用的石材，呈青灰色。虽然这种石头能向水中释放微弱的钙质，但由于其和谐的颜色还是备受青睐。青龙石可以被砸成任意的形状和大小，可以在水草水族箱中搭建出小山岗、丘陵，也可以在饲养东非慈鲷的水族箱中制造人造淡水岩礁。

青龙石与杜鹃根搭配的造景

松皮石

松皮石也称龙骨石，产于柳州地区来宾县塘权村的黄牛滩，是一种非常好的观赏石，因其石肤多呈古松鳞片状，故得其名。松皮石常见为黑、黄两色，形态多有变化，表面会有很多的小孔，有树桩般的苍劲浑雄。使用在水族箱中，一般不会改变水质，呈弱酸性，非常适合水草造景使用。其表面的孔隙可以扦插种植水草，使得整个景色浑然一体。

松皮石比较松软，可以轻松地砸成任意大小的块状，但运输和开采比较困难，所以价格比较高。

鹅卵石

鹅卵石是最常见的石头，将鹅卵石放到水族箱中，早在200多年前就很盛行。自然的河湖溪流底部经常会有鹅卵石沉积。鹅卵石石质坚硬，不容易改变形状，一般要采集大小不等的一些混合摆放，制造出水下的景色。其表面的孔隙也可以扦插种植水草，使得整个景色浑然一体。

硅化木是远古大树的化石，人们多开采来作为观赏石摆放在书桌案头。后来被水族箱爱好者发现用在水草造景中。硅化木在水下的颜色和松皮石等区别不大，但质地坚实，通常在中大型水族箱中使用。硅化木主要成分是硅，不会向水中释放任何物质，可以搭配喜好任何水质的观赏鱼。

硅化木

水族箱造景后的加水方法：
为了防止水流冲坏造景，冲击底床造成水浑浊，可用纸、塑料布等铺在造景上，然后向其上加水。当水加满后，将纸或塑料布慢慢撤出，则水保持清澈，造景保持完好。

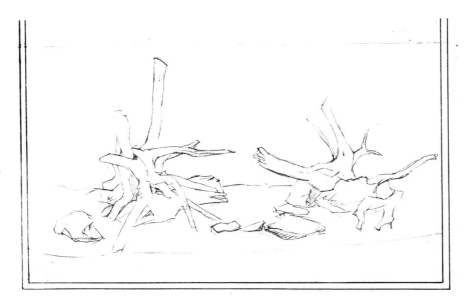

造景前的构思很重要，如果你
有一定的绘画功底，可以先画
一个草稿出来

①

③

②

④

⑤

①按照构思的图纸先将底部的造景材料（岩石）码放好，岩石除作为造景材料外，还能成为沉木的支撑物

②将沉木摆放到适当的位置，确认可以使用后，将其取出

③在沉木上捆绑蕨类或莫丝

④如果造景时间很长，为了防止事先捆绑好的植物干枯，可以定时向其上喷水

⑤栽种水草，先从前景低矮的水草开始栽种，最后栽种高大的后景水草，以免后景水草垂下来影响前景草的栽种

⑥将水草栽种好后逐渐放水

⑦生长1个月以后的水草状态

去油膜器：

　　通常在使用圆桶过滤器和内置过滤器的水族箱中要安装去油膜器，以便去除漂浮在水面的油污和杂物。水面的油膜是由死去的微生物、水草腐叶内的油脂造成的。这种物质在新水族箱中经常出现，如果没有去油膜器，水族箱水面始终被油膜覆盖，非常难看。

按照规律种植，将不同形态、颜色的水
草合理搭配在一起，展现出如同一幅色
彩丰富的印象派画作的造景方式就是园
艺式造景

园艺式水草造景
——水下花园

我喜欢用水下花园这个名字，或用欧式水下花园来形容这种水草造景方式。因为园艺是一种广义的操作方法（比如种菜、种花、种果树都可以算园艺技术），并不是一种风格和模式。但更多的人习惯用一种形式来描述水草造景，而且成为形式的东西比较好介绍。

园艺式造景是从私人花园发展而来的，很多人会误会园艺造景是模仿园林造景的一种形式。园艺和园林是完全不同的两个概念。比如大学里学园林专业的，通常可以去从事园林设计、园林维护等工作；而学园艺的则多数去种花、卖花。园林实际上更复杂一些，园林设计在水族箱内根本无法完成，所以我们的水草造景都采用的是园艺方式。何为园艺呢？说白了就是按照人的意识，有规律地种植植物，就是园艺。比如我们将土地分成畦来种植作物，所谓的"一畦萝卜一畦菜"就是一种园艺。

非生产性园艺在东、西方出现的都很早，具体表现就是在家中院子里有秩序地种植花卉。这种模式在中国古代并没有受到太多的重视。大门户里的花园通常是由花匠负责园艺。很少有达官显贵以园艺为自己的爱好。在古代中国整天侍弄土的工作被视为下贱、低等，是王侯士大夫所不为的事情。

在西方，私家花园被广泛重视，而且很多花园的主人愿意自己侍弄花草，春播秋赏，乐在其中。这就是欧洲园艺发展的基础。我们观看电视或影片，直到现在，在休息日里侍弄自家的花园，也是欧美中产阶层的主流爱好之一。

私家花园并不是每个人都能实现的事情，尤其是在城市里。近150年来，以钢筋水泥为主体的大城市发展起来，人们要赚钱维持快乐的生活，钢筋水泥"丛林"里是最容易赚钱的地方。于是，我们放弃乡村，来到这些大城市，赚到了钱，快乐的生活却不知道去哪儿了。该怎样让不富有的人，能在大都市里拥有一个花园呢？哪怕它很小，却能平复我们烦躁的心情。

养鱼吧，这种宠物不会像鸟类和哺乳动物那样需要你太多的照料，也不会影响邻居。我们可以在水族箱中种植水草，向侍弄花园那样侍弄这一小片水下土地。水草造景就在这种环境下孕育而生了。

因为最早失去私人院落的是欧洲国家的部分居民，而不是东方人。比如1860年前后，工业革命促使欧洲很多国家都有了真正的全职工人，他们在工厂里上班，下班后住单元房性质的宿舍。同年代里，中国的大部分群众还是农民，虽然收入微薄，但有土地。即使是最贫穷的佃户，只要有房子就可以将房前的一小片地围起来作为院子。院子里可以种瓜、种菜、种点儿萝卜之类的。欧洲的工人失去了自己的院子，于是他们发明了一个水下的院子，一个微缩的私人花园。

既然是一个水下花园，那么它的设计可以完全照搬陆地花园的方案，只不过植物变成了水草，而不是蔷薇花之类。这种爱好开始被人们所接受的年代是1870年以后，此时英国、德国和一些北欧国家已经成立了许多类似水草俱乐部的组织，比如水下园丁协会、水草爱好者俱乐部等。因为这种爱好是工人阶层最热衷的休闲活动，所以多数协会由工会出资开办。他们定期组织活动，让饲养者相互交流经验，交换过多的水草，还会搞一些比赛。当时，电视机还没有被发明，电脑和互联网更是从没有听过的事情。很多家庭最大的娱乐项目就是，晚上吃完饭后，一家人围拢在水族箱前欣赏鱼和水草。

因此，水草造景得到了发展，当然仅限于水下花园形式的造景。其实，这个时代已有类似后来自然水景那样的造景方式。树根、石头作为造景材料已经开始被使用。但当时的人们并不重视这种造景模式，人们不愿意看将木头和石头摆成小河汊的样子，更愿意享受自己的水下花园。

1930年，荷兰的水族爱好者登上了历史舞台，成立了荷兰水族两栖爬虫协会（NBAT），这个协会成为了水草造景的初期摇篮，并且为后来水草造景爱好向全世界传播奠定了基础。许多知名的水草专家和水草产品的厂商都是在这个协会的影响下孕育而生的。这个协会的贡献在于，他们首次提出了水族箱造景比赛。在当时，还没有纯粹的水草造景比赛，通常水族箱比赛包括了各种淡水、海水水族箱饲养状况和造景的比赛。水草造景比赛是最有看点的，在随后的几十年里，水草造景比赛成为了水族箱比赛的主流活动。

既然有了比赛，就必须有评选标准，而评选标准从某种意义上讲就是这种水草造景的基本理论。因为园艺式水草造景的最早理论是荷兰人总结归纳的，所以直到现在大家还经常把这种造景模式称为荷兰式造景。

园艺式造景的基本理论包括五个方面：健康、色彩、秩序、变化和鱼。

上二图：不论将造景设计成什么样子，保持每株水草都处于健康生长状态，使它们展现出最鲜艳的颜色和最娇娜的姿态，是园艺式造景的核心思想

健康

健康是指的水族箱内水草的状态。优秀的园艺式造景，其中水草的栽培状态必须非常健康，呈现出蓬勃发展的姿态。这与其从家庭园艺发展而来有直接的关系。试想，如果我们栽培花草进行比赛，首要的评选条件就是这些花草必须蓬勃生长。

园艺式造景的水族箱内，所有能看到的地方最好都被水草所覆盖，比如水族箱前方最好不露出沙子，而是用低矮的前景草覆盖。沉木和岩石上应包裹住厚厚的莫丝或鹿角苔等。这也是水草蓬勃生长的表现，它们只有很健康才能生长得遮盖在一起。

早期的造景中，水草品种使用十分丰富，人们用大型的皇冠草来代替花园里的树木和高大植物，通过对插茎类的修剪，使它们看上去就像是灌木丛，前景草就是草坪，莫丝类则成为了爬墙植物或围栏植物。总之，要的就是健康，要的就是茂盛。如果在健康和茂盛的基础上，你栽培的水草品种还是很娇气的品种，那么你就更棒了，在比赛时一定会加分。

色彩

色彩搭配也是园艺式造景的重要元素，几乎没有一个园艺式造景水族箱只种植绿色的水草。一般要搭配红色、粉色、橘红色、黄色乃至紫色的水草。否则，你的水族箱就称不上是一个水下花园。将各种颜色的水草栽培在一起，既是一种技术挑战，也是一种艺术挑战。从技术上说，红色草通常对光线和肥料的要求比绿色草高，如果要栽培好红色的草，绿色的草就有可能出现疯长或衰败的情况，必须良好地将光线、水质、肥料控制到两种色系水草都能接受的范围内。

从艺术上说，红色和绿色是大对比色，稍有搭配不当，水族箱内的颜色就会十分混乱而艳俗。必须巧妙地利用过渡色，就好比现在实用美术在色彩搭配上使用近对比色理论一样。比如红色和绿色一般不放在一起使用，如果非要一起使用，则使用粉红色和绿色搭配，再在适当的地方使用大红色。这是因为，往往在某颜色对比色的近似颜色中，有很多可以和其搭配出非常美丽的色调。

因此，栽培红蝴蝶草并不追求大红色，而是粉红色，紫色草追求的实际上是桃红色。这种调和色调，可以任意搭配，展现出水族箱内色彩的变化。当然，也有人使用过渡色方式，比如后景草种植绿色的，中景草种植黄色的，前景草种植红色的。整个水族箱如鸡尾酒一样从绿色过渡为红色，这样看上去既鲜明又协调。

优秀的色彩搭配和油画的色彩知识分不开，这一点欧洲人明显占有优势，因为它们从小就接触以油画为代表的西方美术。而对于东方人，不论是中国人还是日本人，都是崇尚水墨丹青艺术的，因此色彩把握往往不如西方人灵活。

秩序

秩序就是水族箱内各种水草的排列组合方式，造景者要根据水草的生长态势、叶片形状来排列种植水草。比如高大的品种种植在水族箱后面，细小的种植在前面，不大不小的种植在中间，使水族箱景观看上去呈阶梯状。这里说明一下：现在各种书籍、网站和水草店里介绍的所谓前景草、中景草、后景草概念，就是从园艺式造景的这一理论中总结出来的。直到现在，我们还在使用这种水草种植秩序，即使很多人已经不知道它出自何处了。

上图白色虚线内：桃红、嫩绿和猩红色水草的搭配形成了很强烈的对比色，给人明快的美感

左二图：利用对肥料和光照的控制使同一种水草呈现出不同的颜色，在造景时展现渐变色的层次感

秩序还包括了同品种水草在种植时的排列方式，比如圆叶的水草，在种植时要以其中一株为中心点，逐渐如靶环那样向四周一圈圈扩散种植。长叶子的水草就要呈菱形的面积种植。不论什么样的水草，都不能种植成规矩的正方形、长方形图案，那样看上去会非常死板。

种植好的每一丛草都应当与邻近的草有交融的地方，在生长茂盛后，看上去既有整体感，又不会完全混成一片，乱糟糟的。可以说，秩序是园艺式造景中最难把握的环节，也使这种栽培水草方式能被称为造景的中心环节。

看上去一团杂生的水草，其实在种植时可以追求秩序，生长完好后，才能体现出丰富的颜色过渡和有条理的层次感

前景草的栽种方法：

细小的前景水草最不容易栽种，很多人将它们栽种到水族箱后不久就全都腐烂死亡了。这是由于栽种方法不正确造成的。

在栽种前景水草时，应尽量将它们剪短，然后逐一深深插入底床中，只要露出一小片叶子就可以，日后它们能良好地生根发芽。

切忌利用很长一段或很大一簇栽种，这样栽种通常会使上层的无法生根、下层的无法接触光线而全部枯萎。

这是一个标准的园艺式水草造景水族箱，利用紫百叶草、粉红宫廷草作为暖色的后景，中景则穿插深绿色的铁皇冠草和大鹿角苔，前景使用了嫩绿的矮珍珠草。这种颜色过渡的方法是非常常见的。整个造景中点缀了数株辣椒草和薏藻，用以改变千篇一律的细碎叶片感觉。当水草生长旺盛后，水族箱内景观如同一个欧式花园。由于这种造景方式是荷兰人最早开始运用的，这类（色彩类）造景也称为荷兰式造景

这个造景明显没有上面那个颜色丰富，但看了让人感觉生机蓬勃。其利用了大薏藻和中薏藻作为主景植物，这两种水草茂盛繁密的叶片能给人更多的健康感觉。穿插使用了紫竹调草和古巴叶底红作为后景高大的草，展现了稀疏与密集的视觉差。左侧的荷根和右侧的丁香草，让整个景观看上去更有蓬勃向上的姿态。很明显，这个造景更突出健康，甚至大幅度缩减了颜色的使用。这也是园艺式造景的一种风格，最早被德国人所运用，所以也称德国式造景

上图：在大量的插茎类水草丛中点缀石头，既能够遮挡有茎类光秃的下部茎，又能够增加造景的空间感觉和立体感，这种造景方式出现在 20 世纪 80 年代前后，被认为是园艺式造景向自然水景方向过渡的代表时期。在这个水族箱中，后景的宫廷草和小百叶草，从种植到生长茂盛会经历多个颜色变化时期，从绿到黄再到橘红乃至红，这就是造景中变化的应用

左图：在园艺式造景中大量使用沉木也是一种突破，最初的园艺造景规定，沉木只能使用一块，并必须用莫丝类将其覆盖

变化

　　变化是指一个水草水族箱从栽种到栽培成熟，直至翻缸重种前的生长变化。变化是园艺式造景的重要内容。不论我们欣赏一个花园还是一个水族箱，都不希望它一成不变。在花园中，四季里有不同的品种开花生长：春季里报春花开放，草和灌木展现出嫩绿的新芽；夏季矮牵牛、蔷薇和天竺葵开放，各种植物叶片呈现出不同层次的绿；秋季蔷薇和天竺葵还没有凋谢，各种植物的叶子又展现出红和黄的色彩；冬季，所有花都凋零了，万年青、常春藤以及松树却依然保持着翠绿。这就是花园里的四季，虽然不能将四季置入到水族箱中，但水族箱中的水草必须有阶段性变化，才能称为水草造景。

　　水草叶片颜色的变化控制可以通过光线、肥料等因素来解决，而对于生长态势变化的控制则复杂得多。比如我们希望睡莲在一年中的某个月开始生长水上叶，并开花，其他月份必须生长水下叶。我们希望沉木上的莫丝在数量足够后停止生长，希望中柳能不断地生长侧茎。这些都是园艺式造景的必修课。关于控制水草生长态势的方法，本书在前面基础知识和水草品种章节中已介绍，这里不赘述。掌握好这些知识，就可以制作园艺式造景了。

　　还要补充一下。由于园艺式造景需要控制的元素比较多，对植物状态的追求也很复杂，所以园艺式造景的技术难度实际上高于后面要介绍的自然水景。

鱼

　　与现在流行的自然水景不同，园艺式造景非常重视鱼的饲养。水草造景水族箱中必须要饲养鱼，而且饲养鱼数量的多少以及鱼的品种是否名贵都是这种造景模式评审的重要标准。如果没有鱼，即使水草生长得再好，也不能算是园艺式造景水族箱。

　　通常，即使再小的园艺式造景水族箱内，饲养的鱼也不能少于一组 12 条，比如饲养 12 条宝莲灯或者 12 条红鼻剪刀鱼。当然，在水草健康生长的前

上图：少量的大型水草配合大量的石头、沉木、仿真水草以及色彩鲜艳的鱼群，给人一种游乐园的感觉。在这个水族箱中，水草只是点缀，它们很难生长好，饲养者可能要定期换草。不过，这种风格非常受大众的喜爱，特别是儿童。这种造景方式最早出现在美国，被称为美国式造景

右二图：水草造景中很少使用人工制作的材料，比如仿真头骨、佛像等。这种树脂工艺品多出现在送给小朋友的儿童玩具水族箱中。如果运用得当，也十分美丽。这种造景模式比较受美国、加拿大和澳大利亚的普通水族爱好者喜爱

提下，饲养的鱼越对、密度越大越好。园艺式造景不仅仅看的是草，也要欣赏大量的鱼群。

　　一个容积 200 升的园艺式造景水族箱，饲养 100 条小型灯鱼或者 10 条神仙鱼都是常见的事情。这更增加了水族箱的维护难度，因为鱼的饲养密度提高后，鱼的排泄物对水质的影响会相对增加。而且一些鱼本身十分难养，比如七彩神仙鱼，它们对水温的要求高于多数水草，如何让这类难养的鱼生活在水草造景水族箱中，是要煞费脑筋的。

　　园艺式造景被普遍采用的时代在 1960～1990 年，在这 30 年里，欧洲多数国家纷纷组织比赛，水草造景比赛的规则也逐渐被添加。比如到 1980 年以后，园艺式造景要求同一种水草不能出现在水族箱的两个区域里，也就是说同种的水草只能种植在一起；再比如每种水草大概应占用水族箱内 10 厘米长的空间，100 厘米长的水族箱内只能种 10 种水草，再多就要扣分；沉木和岩石只能使用一次，不能在水族箱中有多块沉木和岩石等。

　　总之，水草造景被设计的越来越复杂，人们也相互交流着这种爱好带来的快乐。那个时代的水族器材并不发达，很多产品还没有出现，没有金属卤化物灯，没有二氧化碳设备，没有家用纯水机，没有泥丸和优质的专用肥料，所以养好水草还是很费力气的。

　　凡事物极必反，当园艺式造景火爆到了极点后，它也就进入了衰败期。1990 年以后，人们已经想不出办法能让水下花园看上去更美丽了，似乎所有的设计思路都已经被用过了。于是，很多水草爱好者转而投向了其他爱好，比如当时正兴起的礁岩生态水族箱、非洲慈鲷等。也就是在那个时代，水草造景理念传播到了中国大陆地区，并开始被很多人接受。不过，我们还没有来得及真正领略园艺式造景的美丽，这种造景形式就被后起的自然水景代替了。在国内，似乎大家只知道自然水景形式的水草造景，却很少了解园艺式造景。

●随着水草种植爱好的普及，人们在造景上越来越难推陈出新。一些人将造景的主要材料从水草转移到了岩石和沉木，形成了大框架的立体结构，出现了类似河滩、潮湿林地的景观，这就是自然水景的诞生

自然式水草造景
——自然水景

　　大概在 1970 年前后，水草造景理论传播到了日本，当时日本的经济已经复苏，很多中产阶层的人喜欢饲养观赏鱼和水草，特别是近代的日本文化受欧美文化影响很大，所以水草造景作为欧美新时尚，很容易就被日本人接受了。

　　任何文化传播到日本都不会被直接利用，他们肯定要进行改良，使其成为一种日本文化。比如中国的扇子、书法、水墨画、金鱼都被日本人学去了，但都被拆分更改，从而诞生了日本扇子、日本书法、日本画和日本金鱼。园艺式造景传播到日本后不久，这种玩水草的形式已开始衰败了，这为新水草造景形式的诞生提供了条件。与欧洲人不同，日本人开始设法在水族箱中尽量多使用了沉木、岩石等造景材料。在这一点上，他们借鉴了中国盆景和山水画的元素，其目的是将水族箱内景观制造得更接近自然，于是自然式水草造景（也称自然水景）诞生了。

　　这里必须提一个人，日本 ADA 公司的创始人天野·尚，他是自然水景的真正推动者，虽然在 1970 ～ 1990 年间有很多人在尝试着这种水草造景方式，但天野·尚被公认为是这种造型方式的宗师。

　　天野·尚何许人也？他是一名摄影师，1954 年出生于日本新潟，16 岁的时候曾做过自行车运动员，然后投身摄影事业，擅长拍摄热带雨林等自然景观，多次进入亚马逊地区拍摄照片，是世界环境摄影家协会会长。他同时酷爱水草造景，在水草造景传播到日本的时代，正是他狂热地喜欢水族箱饲养的阶段。凭借摄影的收入，他可以购买很多鱼缸进行造景，享受造景的快乐。因为职业是摄影师，所以构图、搭配上要比其他水草爱好者略胜一筹。真正让他成名的是他对其水草造景作品的推广方法。在他热爱水草造景的最初几年里，制作了很多造景作品，有很好的，也有不太成功的。但身为摄影师，他有一个便利条件，就是每一个造景作品的制作过程和最终样式都被他用照相机记录下来。他没有加入任何水草俱乐部，也不像当时主流的那些爱好者一样，将照片很快投给杂志或在网站上发表。当有一天，他认为手中的资料足够多时，突然一下子全部发到了互联网上。这些清新美丽的照片一下子就轰动了世界。

2010 年，我在北京香山饭店与天野·尚会面，问及他是怎样找到自然水景灵感的时候，他说：一部分来自他小时候喜欢自然，经常去郊区看动植物的生活状态，另一部分来自他长达几年在南美洲亚马逊河流域拍摄的印象。就我的了解，他应当是一位很精明的商人和敏锐的摄影师，前者使他具备了优秀的宣传能力，后者让他有着与众不同的艺术构图能力。

1982 年，天野·尚创建了日本 ADA 公司，主营水草栽培材料，主要就是水草种植泥丸，也就是我们现在说的 ADA 泥。因为有丰富的图片可以证明，他养的水草非常好，所以大家都很信赖 ADA 泥，以至于 ADA 泥成了水草种植泥丸的代名词，消费者对其他品牌的产品知之甚少。天野·尚还创办了世界水草造景大赛，每年组织全世界的水草爱好者参加比赛，这是一种非常有效的宣传手段。到 2008 年，ADA 似乎已经成为了世界水草造景的商标，其产品营销到了全世界。"水下花园"的发祥地北欧和德国的爱好者，也开始迷恋这种造景模式了。这正应了我们的一句谚语"外来的和尚好念经"，当园艺式造景刚刚传入日本的时候，它也是那么"火"，那么吸引人。当水草造景被改良成新样式后，再传入欧洲，人们就叫这种造景为日本式造景，它的受喜爱程度一下子就高出了本土的造景方式。

自然水景不像园艺式造景那样有严格的规定和操作方法，既然是崇尚自然，就可以按照你看到的、你理解的大自然景象，随心所欲。自然水景不再强调水草颜色的丰富，不强调鱼的重要性，不强调栽培水平的高低，完全是考验你的艺术创作能力。天野·尚曾经为自己创立的这种造景模式提出了中心思想："欺骗鱼的眼睛"，就是让水族箱中的鱼感觉到是生活在自己的原生地老家。实际上，这是一种夸张的说法，没有任何一个成功的水草造景是原封不动地模仿自然河底。因为我们前面提到过，在自然界河底并没有丰富的水草，大多数是一些藻类和颜色暗淡的沉水植物，自然河底也不会生长低矮的前景草，因为那里得不到光照。自然水景实际上是

沉木和岩石的摆放方式是自然水景造景的重要展现方式，上三图从上到下依次为单侧形搭景、两侧形搭景和中心形搭景。其中红色虚线内部分为造景的主要展示区域，当配合上合适的水草时，景色会体现出非常自然的美丽。即使不种植水草，摆放非常好的沉木和石头本身也是具有艺术欣赏性的

将湿地、河边以及一些潮湿森林里的景色搬到了水中。比如在沉木上绑莫丝的方法，实际上只有潮湿森林的树干上才会生长苔藓，沉于河底的木头上只能生长难看的藻类；只有浅滩和沼泽地才能生长低矮的珍珠草和狸藻，河底根本没有这些植物。造景就是造景，是人为的艺术创作，它的原型来源于自然，但并不真正来源于水下。当我们利用自己的思想把自然景色重新排列组合后，水草造景高于自然的那部分就体现出来了。

自然式造景的原则包括了切块临摹、线条与空间、层次和修饰四部分。

利用挺水植物制造出半水景的水族箱，也是自然水景的一部分，这种风格其实更接近自然界的原貌

切块临摹

自然水景是基于对自然景物的模仿，所以临摹是必要的课程。当然，这里说的临摹不一定是拿着纸笔去自然界写生，而是用简单构图、素描、拍照等形式记录自然界池边、湿地的景色。

所谓切块，就是切下自然界的一块。因为自然景物往往是很大的一片面积，水族箱中不能装下，一般要选择其中的一部分进行临摹，就如同用镜头切下全景的某个部分一样。

切块临摹出的景色在盆景中运用，称为植物造景小品，这是这种造景和真正盆景的本质区别。山石盆景要得到的是全部景色的浓缩版。切块临摹得到的是基本同自然景色大小比例相同的局部翻版。

通过对在自然界观察到的水域景色进行临摹，选择适合复制的区域，然后进行人为加工，去掉自然界一些人工环境无法达到的部分，然后将加工后的临摹区块布置在水族箱中，即为切块临摹方式

上图中"➤"的方向代表了整个造景的走向，这种统一协调的走向给人舒展、奔放的艺术享受，同时在线条上没有出现任何"结"与"扣"，符合自然界朽木倒塌和杂草丛生的真实样式

线条与空间

线条与空间在水墨画、中国园林设计、日本园林设计方面都是非常重要的部分。作为一种诞生于东方的水草造景模式，线条与空间也是其非常重要的组成部分，与园艺式造景的色彩与秩序相对应。

在线条展现上要尽量保持自然的态势，如果你学过国画花鸟画法，可以参考兰花、竹等植物的构图方法。不能出现死板、僵硬的线条，特别忌讳线条交叉时出现"十"字、"井"字形构图。每根线条都要有伸展力，要尽量向远方发散。线条排列要有疏密之分，不能呈现规律性，不能重复单一手法。举例来说：在枝丫向上伸展的沉木边上，要种植向斜上方伸展的水草，而水草的叶片与茎不能与沉木的枝条平行，更不能垂直交叉。

空间感也是自然水景的重要元素，在有限的水族箱空间里，必须要给人视觉上更大的空间感觉。这是靠有效的遮挡来达到的。在中国苏州园林和日本园林上经常采用遮挡的方式来增加空间感。应用到水族箱中，就是对沉木和石头的合理使用。比如：在空旷的草丛中摆放三块石头，使其呈"山"字形排列，前面的一块略微遮挡住后面两块各自的一小部分，于是在三块石头中间就呈现了让人感到有所隐藏的大空间。其实，空间大型没有变，而是我们的视觉造成了这种误区。

用沉木的天然形态将种植水草的面积分割成几个自然区域，比如上图中红色虚线内的三个三角区域，如果种植不同品种、色调的水草，则会马上体现出强烈的空间感

修饰

　　当自然水景的主景制作完成后，就要进行修饰，其中包括用石头、沉木、沙子等材料的修饰。比如为了体现出湍急溪流的场景，可以在种植水草后，在空隙地区铺设卵石；为了制作出面积广阔的河床，可用细沙铺设在没有种植水草的区域；沉木则适合制造出丛林边河流的感觉。总之，使用不种植水草的沙子、不捆绑莫丝的沉木和石头来修饰水草造景，是自然水景与园艺式水景的明显区别。

左图：利用裸露的岩石和伸展出水的沉木、水草形成许多不能看到的区域，增加了层次和空间感；突出水面的设计方式在自然水景中经常被运用

A　　　　B　　　　C

层次

　　层次是指水草种植的高低次序，因为自然水景所使用的水草多为容易栽培的莫丝、蕨类和绿色插茎类，所以色调比较单一。这时为了突出其间景色的区块线条，水草种植的层次是尤为重要的。

　　与园艺式造景的层次选择不同，自然水景不仅采用后高前低的次序种植水草，也可以是中间高、四周低，左边高、右边低等。不论是怎样的次序，水族箱中的水草层次绝对不可以是一个平面。一般要制作成小丘陵的样式，让水草呈现高低起伏的态势。这里要提一下，将种植材料铺设成高低不平来种植水草的手法，也是自然水景出现后发展出来了。在园艺式造景中，底床永远是铺平的。

A 利用榕草等低矮的水草制造出前景区，因为榕草具有深绿色的圆形叶片，可以清晰地与后景中浅绿色长叶片的水兰类区分开。这样，第一层次看上去具有厚重感，并且给人阴影感觉，形成更立体的图像

B 利用黄褐色的颜色和丛杂的爵床类水草制造出中景的高度，由于爵床类具有蔓延生长的特性，能给人延伸感，使人产生中间部分十分深远的空间感

C 水兰类修长的叶片向上伸展到水面，扩展了后景色的空间。加之白色空洞的背景，能让人产生很深远的感觉。作为三个层次中最高的层次，采用了叶片最细的水草，这能给人逐渐变小的透视感，提升了层次在空间扩展上的利用效果

向四外伸张的沉木以及沉木
上蓬发生长的莫丝，都能给
人生机盎然的愉悦感和无限
扩展的空间感

装饰沙的应用很好地修饰了水草造景的空白处，上图红色虚线内区域使用白色
装饰沙对造景底部进行修饰，同时故意裸露出一些岩石，与修饰用的沙砾相得
益彰。如果没有这个明快颜色的修饰，整个水族箱下部会感觉很暗

A 后景较矮的岩石是为了与前面高大的主石产生透视效果，
从而产生深远的感觉，这也是修饰的一部分

B 主造景石头安放点的亮度很高，给人先入为主的冲击感

C 在主造景石周围沿同一走向修饰多块辅造景石，可以使
造景看上去不是很突兀

D 此处用两石重叠制造出阴影部分，增加造景的立体感

E 最前方的小石头是为了制造出空间延伸感，这种修饰在造景中非常重要，
使人产生水草会生长出水族箱限定区域的错觉

利用岩石搭建出只有陆地上才能看到的山崮、丘陵、石桥等景观，并且对原本景观进行了数百倍的微缩，使其容纳在一个水族箱中，这种造景风格暂且应当称为水下盆景

水下盆景

当时间进入 2010 年以后，自然水景的设计也被全世界爱好者们玩的差不多了，似乎大家设计出的景观都趋近相同了。水草造景爱好又一次进入了危机阶段。因为自然界的沼泽、溪流、森林的形态基本差不多，从中遴选有代表性的也就几十种，大家都"造过了"。现在玩什么？自然水景还不像园艺水景那样可以通过欣赏水草的生长状态和生长变化得到快乐。虽然水草在自然水景水族箱中也生长，但通常是景观成熟了就要保持好，而不能让景观随意的变形。

年复一年的世界水草大赛上，选手们已经没有了新的创意，它们怎样设计也不能超越前人了。于是，另类的想法出现了，突然有人打破了切块临摹的原则，改用了只有盆景才用的微缩法。于是，这种似乎新颖的方式让评委们眼前一亮，就好像我们吃了 30 年的烤鸭，突然给你一块板鸭尝尝，你一定会觉得很新鲜很有趣。那么，我们进入造景的最后一个话题——水下盆景。

严格意义上讲，水下盆景不能称为水草造景，因为它已经不再以水草为主题展示对象了，其真正的构景元素是石头和木头，而且这些石头和木头绝对不是按照水下样式摆放的。这种造景形式实际上是完全照搬山石盆景的制作方法，唯一的不同就是这种盆景是放在水族箱里，而不是陶瓷的盆景盘上。

水下盆景完全是为造景比赛而生的，在 100 多年的水草造景活动中，人们已经很难再找到新的造景创意。因为很多水草栽培者并不了解盆景艺术和工艺，所以当有人把这种手法运用到水草造景时，马上就标新立异，引人关注。不论是园艺式造景还是自然式造景，其基础理论都没有离开创造一个类似鱼类原生环境的水下空间。而水下盆景完全背叛了这种逻辑，大量使用了微缩的方法。张家界、峨眉山……只要你想要，就可以把它们微缩呈现到水族箱中。这些景色看上去似乎很自然，仔细想来却不对，如果水族箱中的景观是深林、高山、草原，那么鱼岂不是成了飞在天上的鸟？

不过，凭借新颖和容易使人看懂的造景意图，水下盆景很快在市场上占领了主流地位。如同花卉市场

上上出售的山石盆景一样，水下盆景也成了水族店里最好出售的成套水族造景。从这里可以看出，人们对自然工艺品的欣赏，绝对不是完全追求自然的，更多被标榜成热爱自然的爱好，往往是不符合自然规律的。所以，我们生下来就是来改造自然的，虽然我们现在极力强调自然环境的保护，但可能我们保护的只是我们意识中认为的自然，并不是真正的大自然。

既然水下盆景的造景理论完全照搬的是山石盆景的方法，那么解读其造景技巧就很容易了。因为山石盆景诞生于中国，我们有完善而系统的资料。宋代词人苏东坡曾写有"九华今在一壶中"的词句来赞美盆景艺术。这证明在漫长的历史发展中，微缩自然景观一直是盆景制作的核心思想。这种水草造景的方式，必须先用岩石在

上图：将莫丝捆绑在树枝上，插入底床中，并在周围种植细碎的插茎类水草，使人感觉是在森林里。这种造景超出了传统水草景色的范畴，也应是水下盆景

下图：利用牛毛毡、莫丝等细小的水草，配合大量岩石制造出类似丘陵一样的水下盆景

在岩石的选择和使用上，水下盆景
和山石盆景的操作方法如出一辙

水族箱中制作出高山峻岭的样式，或者用沉木枝条制作出森林的骨架，之后配植水草。为了不让微缩景观的比例失调，水下盆景所用的水草均为小型水草，其中矮珍珠、迷你矮珍珠、挖耳草因为细小而成为前景草坪的重要素材品种。莫丝类可以附着在岩石、沉木上生长，因此也是造景中必不可少的材料。它们要么被当做山间的"杂草"，要么最作为"树叶"使用。

除去材料与山石盆景略有不同外，水下盆景的造景技巧和山石盆景完全相同。我们的古人早在几百年前就为盆景这种艺术形式总结出了精辟的制作理论，即：漏、透、瘦、皱。

漏，指的是造景材料多空隙，多坑洼。这样的结构不但看上去自然，而且容易在造景材料上栽种植物。

透，指的是造景材料在选材和摆放上的空间感，要尽量通过空隙、间隔展现出每个造景材料的特点，又要合理遮挡来制造出丰富的层次空间。这点与园艺式造景的视点选择，自然水景的线条和空间手法相同。在园林、建筑、实用美术以及服装设计方面，"透"也被广泛运用。

瘦，指的是造景材料的选材和摆放上要尽量微缩，不要出现大块材料拥堵在某个区域的现象。比如，如果给长度100厘米的水族箱造景，选用的石材直径都应小于20厘米，如果使用40厘米以上的石材，水族箱中的景色会看上去比例失调，显得十分拥堵。

皱，指的是造景材料本身的纹理和层次感，毕竟在这种造景模式中，石头和木头是主体。选择一块花纹美丽的石头，或形状优秀的木头，可以减轻很多在空间、层次上设计的麻烦，而且好的石材本身也是一种艺术品。

这个造景在山石盆景中非常常见，模仿的是泰山迎客松景观。所不同的是，山石盆景中采用真正的松树苗来制作出迎客松，而树下盆景只能将莫丝捆绑在树枝上制作迎客松的样式

　　由于水下盆景在选择石材上与奇石收藏有很多相近之处，所以这种造景模式还带动了奇石和沉木的价格增长，很多人一掷千金地买一块好石头放到水族箱中欣赏。说真的，好的石头放水里被藻类和水侵蚀，有些浪费材料，还不如直接安个南木的托置于书案上欣赏来的划算。

　　正所谓：水下本无景，青苔插泥间，世人不辞空劳碌，偏把鱼巢山林安。花钱如流水，汗珠湿衣衫，张家界、峨眉山，搬回家来瓮中观。说是自然景，缘何不自然，奇石仙葩总嫌少，作时欣喜，成则了然。

上图：明显是欧洲园林设计与水草造景所结合的水下盆景，其中除去少量田字草外，所有松树叶片、地上的草、山坡上的草全部是用莫丝制作出来的。这种造景只能在照片里欣赏，真实景观未必好看。图中的鱼是最大体长 3 厘米的喷火灯鱼，按照比例，此水族箱不会长过 80 厘米。莫丝乱长的瑕疵在近处看时会一览无遗

下图：利用莫丝、岩石和树枝制造出的沙漠风格造景。其中仙人掌的绿皮和刺全部是由莫丝捆绑在木头上制作出来的，只有低矮的小型植物使用的喷泉太阳草。这是一个同样不能近观的造景

后 记

本书相比同类书籍，已经很厚、很大了，但还是有很多知识没有能够写进去，有至少300种水草没有被容纳其中。这是印刷成本和书籍篇幅限制造成的。我已经尽力将一些代表品种和重要的栽培知识写在了书里，不过随着时间的发展，很快就会有更多新品种的水草和更先进的技术被人们发现，并运用。

为了和出版物之间形成互补，我们推出了手机应用软件——馨水族 Loking。这是一个很强大的数据库软件，可以查阅1000种以上的水草品种及栽培方法，并在许多爱好者的帮助下不断更新。每天都将有关于水草和观赏鱼的新知识被发布，而且用户可以通过微信、微博等平台分享饲养技术和心得体会。

这个软件是免费的，并且将终身免费。我们希望能制作一个类似维基百科那样的水族专业平台，当然我们只做水族部分。还有一点不同的是，我在设计这个软件的时候，希望每个人都能随时随地地便捷运用，所以在设计之初就选择了手机平台，直接制作了Android和苹果两个平台的产品，而基本上放弃了PC。因为，我喜欢躺在床上看书，或者随时随地翻阅手机，但我不愿意坐在电脑前僵硬着脖子查很长时间的资料。

在PC上，你可能因为不知道水草的名字而无法查阅到它的相关信息。而手机的优势是可以扫描二维码，然后这种水草或鱼一下子就会显示在你的手机屏幕上。现在许多水族店都已经使用了我们的二维码系统，相信它一定会给你带来方便。

希望用不了多少年，实物扫描技术就能普及起来，那时候你只需要用手机的摄像头对着某种水草扫一下，它的信息就会呈现在手机屏幕上。事实上，我们正在做这方面的程序开发，希望能为更多的水族爱好者提供更便捷的帮助。

如果你想了解更多水草和观赏鱼的知识，请扫描旁边的二维码，或登录网站下载"馨水族 Loking"客户端。这是一个终身免费的实用工具，因为我们和你一样都是水族爱好者。我们愿意一起交流新知、分享快乐。

www.newaqua.cn
官方微博：馨水族

水族资料库

最全的水族资料库

淡水观赏鱼、海水观赏鱼、水草、淡海水无脊椎动物、
两栖爬行动物等 20000 种以上生物的鉴别、饲养技术
查询，支持搜索，支持二维码扫描

新闻资讯

最新的业内新闻、饲养技术发布

随时随地新闻快递，专业技术传播

水族行业大事记

图片分享

图片欣赏、交流

观赏鱼摄影集、鱼类原生地照片

图说业内新鲜事，图片交流与图片比赛

互动交流

分享养鱼的新鲜事

会员交流平台，发布你的爱鱼照片，技术咨询

随身鱼友互动平台，支持微信、微博、QQ 空间分享

参考文献

[1] Peter hiscock . Encyclopediaopedia of Aquarium Plants . UK . Barron's Educational Series；New title . 2003 .

[2] Peter hiscock . Aquarium Plants；Comprehensive Coverage . UK . Barron's Educational Series . 2005 .

[3] 柯清水 . 水草全书 . 台北：翠湖水草栽培研究所 . 1989 .

[4] 赵家荣，刘艳玲 . 水生植物图鉴 . 武汉：华中科技大学出版社 . 2009 .

[5] 白明 . 水草的故事 . 水族世界 . 北京：中国水产杂志社 . 2008 .